STOPP – bitte noch nicht umblättern! Bevor Sie sich in Ihre Unterrichtsvorbereitung stürzen, nehmen Sie sich zwei Minuten Zeit und lesen eine kurze Einführung in die Welt der Papphefter vom Verlag an der Ruhr. Denn nur so haben Sie immer alle Vorteile im Blick:

- ... man findet sie in jedem Regal – ob zu Hause oder im Lehrerzimmer
- ... sie sind immer schnell zur Hand
- ... sie liefern jederzeit Ideen, kompakt, aber vielfältig
- ... sie passen in jede Lehrertasche
- ... sie sparen Zeit und schonen die Nerven
- ... sie sind beliebig zu ergänzen und zu sortieren
- ... sie schonen die Umwelt
- ... sie sind kreativ, innovativ und absolut praxisnah!

Seit 2011 mit neuem Verschluss

Seither können Sie Ihre Kopiervorlagen spielend leicht aus dem Papphefter herausnehmen. Dank der raffinierten Konstruktion lässt sich jede Seite schnell entnehmen, ohne weitere Blätter lösen zu müssen.

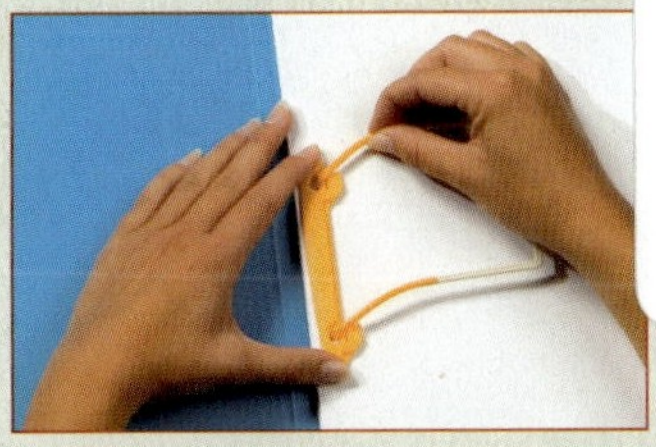
1. LOSMACHEN

2. BLÄTTERN

3. ÖFFNEN

4. HERAUSNEHMEN

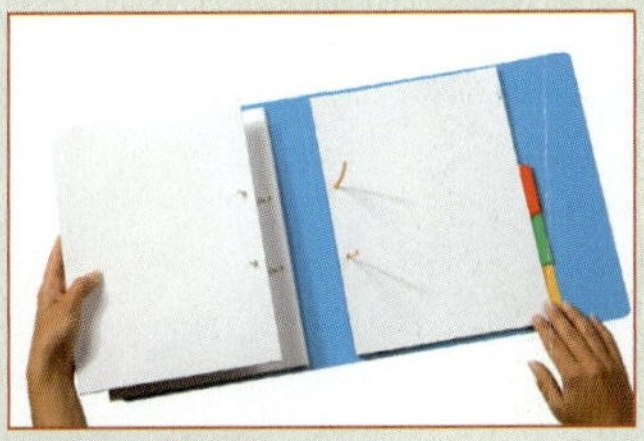
5. EINFÜGEN

6. SCHLIESSEN

WUSSTEN SIE SCHON ...

- ... dass statistisch betrachtet jeder 2. Lehrer mind. einen Papphefter besitzt?
- ... dass sich derzeit über 2.000.000 Papphefter im Umlauf befinden und dass man, wenn man alle Papphefter hintereinander legt, damit zweimal das Ruhrgebiet umkreisen könnte?
- ... dass unsere Papphefter seit 30 Jahren treue Begleiter des Schulalltags sind – und dabei immer wieder mit neuen Ideen überraschen?
- ... dass die durchschnittliche Haltbarkeit eines Papphefters 10 Jahre beträgt?
- ... dass sich unsere Pappen auch hervorragend als Sitzunterlage beim Grillen, als Tablett oder Untersetzer, Sonnenschutz oder Fächer beim Schulfest sowie als Sichtschutz bei Klassenarbeiten eignen?

Stephanie Cech-Wenning

Die Deutschland Werkstatt

© Jens Müller

Verlag an der Ruhr

Impressum

Titel
Die Deutschland-Werkstatt

Autorin
Stephanie Cech-Wenning

Illustrationen
wenn nicht anders angegeben © Verlag an der Ruhr

Druck
Druckerei Uwe Nolte, Iserlohn, DE

Verlag an der Ruhr
Mülheim an der Ruhr
www.verlagruhr.de

Geeignet für die Klassen 3 – 6

Unser Beitrag zum Umweltschutz
Wir sind seit 2008 ein ÖKOPROFIT®-Betrieb und setzen uns damit aktiv für den Umweltschutz ein. Das ÖKOPROFIT®-Projekt unterstützt Betriebe dabei, die Umwelt durch nachhaltiges Wirtschaften zu entlasten.
Unsere Produkte sind grundsätzlich auf chlorfrei gebleichtes und nach Umweltschutzstandards zertifiziertes Papier gedruckt.

Aktualisierte Auflage 2007, Nachdruck 2019
ISBN 978-3-86072-810-9

Inhalt

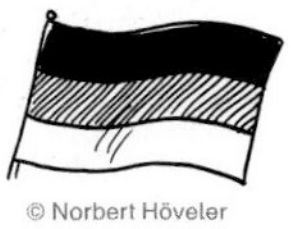
© Norbert Höveler

1. Deutschland allgemein

© Verlag an der Ruhr

2. Die deutschen Bundesländer

© Magnus Siemens

3. Deutschlands Geschichte

© Magnus Siemens

4. Menschen in Deutschland

© Verlag an der Ruhr

5. Städte

Inhalt

© Verlag an der Ruhr

© Dorothee Wolters

© Verlag an der Ruhr

© Verlag an der Ruhr

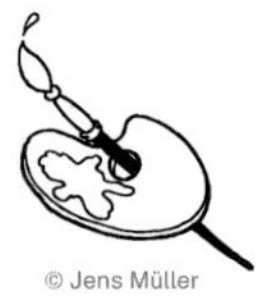
© Jens Müller

© Astrid Wilkesmann

© Verlag an der Ruhr

Vorwort

Zielsetzung der Werkstatt

Ziel der Werkstatt ist es, den Kindern ihr **Heimatland** näher zu bringen und einen Bezug zu ihm herzustellen. Die Kinder sollen beginnen, sich in Deutschland zu orientieren und seine Vielfalt zu entdecken. Im Verlauf der Werkstattarbeit werden möglichst viele **Sinne** angesprochen, wobei jeweils ein Anknüpfungspunkt zum Land besteht. Zielsetzung ist auch, den Schülern* **Fachwissen** über Deutschland zu vermitteln (Hauptstadt, Großstädte, Flüsse ...).
Dabei ist die Werkstatt darauf ausgerichtet, Wissen nicht über stures Auswendiglernen zu vermitteln. Stattdessen wird das Wissen den Kindern dadurch näher gebracht, dass sie zum Suchen, Nachforschen, Handeln, Kreativsein, Staunen und Nachdenken angeregt werden.

Begründung der Thematik

Im **Lehrplan** ist verankert, dass die Kinder ihre **heimatliche Umgebung** erkunden sollen. Für die meisten Kinder, die in Deutschland zur Schule gehen, ist Deutschland ihre Heimat. Kinder wachsen heute mobiler auf als vor 20 Jahren. Ihr **Lebensradius** hat sich vergrößert. Während früher nur das eigene Dorf oder der eigene Stadtteil Lebenswelt war, werden heute immer weiter entfernte Ziele mit in das Leben einbezogen – sei es durch Ausflüge, Besuche bei Verwandten, Wohnortwechsel, Urlaube, Stadtbummel in der nächstgrößeren Stadt usw.

Weitere **Aufgabenschwerpunkte** des Lehrplans (wie z.B. Essen und Trinken, Arbeitsstätten und Berufe, Früher und Heute, Pflanzen und Tiere, Wasser) werden in Verbindung mit dem Heimatland in der Werkstatt aufgegriffen und erarbeitet.

Aufbau der Werkstatt

Die Deutschland-Werkstatt ist **fächerübergreifend** angelegt. Sie enthält vor allem Aufgaben zu den Fächern Sachunterricht, Deutsch, Mathematik, Kunst und Musik. Außerdem werden die Bereiche der Begegnungssprachen (S. 32) und des Sports (S. 71–72) angesprochen.

Dabei lässt sich die Werkstatt in folgende Kapitel gliedern:

© Norbert Höveler

Deutschland allgemein

© Verlag an der Ruhr

Die deutschen Bundesländer

© Magnus Siemens

Deutschlands Geschichte

© Magnus Siemens

Menschen in Deutschland

© Verlag an der Ruhr

Städte

© Verlag an der Ruhr

Flüsse, Seen und Berge

© Dorothee Wolters

Tiere und Pflanzen

© Verlag an der Ruhr

Berühmte Erfinder

© Verlag an der Ruhr

Dichter und Geschichtenschreiber

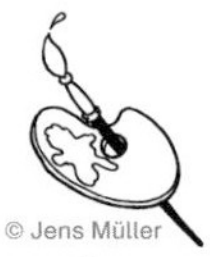
© Jens Müller

Berühmte Maler

© Astrid Wilkesmann

Rund um die Musik

© Verlag an der Ruhr

Spiel, Spaß, Sport und Co.

* Aus Gründen der besseren Lesbarkeit haben wir in diesem Buch durchgehend die männliche Form verwendet. Natürlich sind damit auch immer die Frauen und Mädchen gemeint, also die Lehrerinnen, Schülerinnen etc.

Vorwort

Die Kapitel sowie die Arbeitsaufträge innerhalb der Themengebiete können in unterschiedlicher **Reihenfolge** erarbeitet werden.

Lediglich die **Geschichte** Deutschlands sollte in ihrer zeitlich richtigen Reihenfolge behandelt werden, da die Aufgaben zu den nacheinander erfolgten Ereignissen aufeinander aufbauen. Hierbei kann es von Vorteil sein, wenn der Unterrichtsschwerpunkt auf dem **gemeinsamen Austausch** liegt, da gerade die Problematik des 2. Weltkrieges noch weiter vertieft werden sollte, als dies auf den entsprechenden Arbeitsblättern (S. 23–25) realisiert werden kann. Außerdem ist es in diesem Fall besonders wichtig, die kindliche Neugier und Gedankenwelt aufzufangen. Wenn Sie diesen Bereich in Ihre Werkstattarbeit mit hineinnehmen möchten, wäre auch eine **Information der Eltern** auf dem Elternabend ratsam.

Organisation der Werkstattarbeit

Vorbereitungen

Die Deutschland-Werkstatt kann ab dem **3./4. Schuljahr** im Unterricht eingesetzt werden. Der **zeitliche Rahmen** für die Arbeit mit der Werkstatt kann je nach den unterrichtlichen Bedingungen variieren. Vorteilhaft ist es, wenn die Kinder täglich die Möglichkeit bekommen, eine Doppelstunde lang an der Werkstatt zu arbeiten. Möglich sind auch ganze Werkstatttage oder eine Deutschland-Woche.

Bevor die Arbeit an der Werkstatt losgeht, sollten Sie die Arbeitsangebote, die Sie Ihren Schülern anbieten möchten, im **Arbeits-Pass** eintragen.
Der Arbeits-Pass ist bewusst als Blankovorlage in der Werkstatt enthalten, damit Sie ihn individuell anpassen und gegebenenfalls Schwerpunkte setzen können. Sie können sich die endgültige Werkstatt nach Ihren Vorstellungen zusammenstellen und auch für verschiedene Schüler sowohl den Inhalt als auch die Arbeitsmenge differenzieren.
Die Werkstatt wird im **Klassenraum** oder in zusätzlich zur Verfügung stehenden Räumen sowie auf dem Flur aufgebaut. Zur **Aufbewahrung** der Arbeitsaufträge, Arbeitsblätter und Materialien eignen sich Ablagekörbe oder Kartondeckel von Kopierpapierkartons sehr gut. Dabei können Sie selbst entscheiden, welche Arbeitsblätter Sie im Klassensatz kopieren oder als laminiertes, immer wieder verwendbares Arbeitsblatt anbieten möchten.

Folgende Materialien sind für die Arbeit mit der Werkstatt zusätzlich nötig:

- große Wandkarte von Deutschland (normalerweise im Schulbestand vorhanden)
- mehrere kleinere Deutschlandkarten für die Arbeit an den (Gruppen-)Tischen (z.B. aus Schulbüchern)
- Bücher zum Thema Deutschland, wie z.B. Atlanten, Reisebücher, Wissensbücher für Kinder (themenbezogene Bücher kann man sich in der Regel in der Stadtbücherei zusammenstellen lassen und ausleihen)
- Reiseprospekte von Deutschland (wenn man in Reisebüros früh genug Bescheid sagt, kann man Prospekte der letzten Urlaubssaison in größeren Stückzahlen bekommen)
- Papier, Farben, Bastelmaterialien der unterschiedlichsten Art
- Ausstellungswände, Präsentationstische

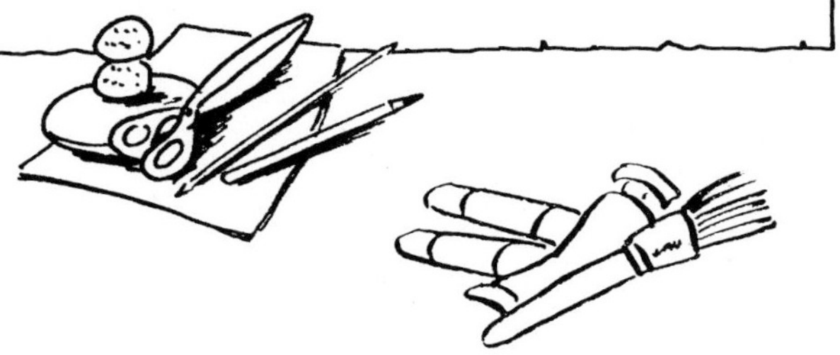

Weitere spezielle Materialien, wie z.B. Märchenbücher, Künstlerbilder und Gedichtbände, ergeben sich aus den jeweiligen **Arbeitsblättern** und sind ohne großen Aufwand und mit geringen Kosten zu beschaffen.

Wenn Sie die Möglichkeit haben, einen ans **Internet** angeschlossenen **Rechner** zu benutzen, so können Sie diesen im Rahmen der Werkstattarbeit den Kindern zur Verfügung stellen, um z.B. zum Thema Deutschland zu recherchieren oder Texte zu verfassen und ansprechend zu gestalten.

Die Schüler können ihre Ergebnisse sowie den Arbeits-Pass in einer **Deutschland-Mappe** sammeln. Diese Mappe, vielleicht ein Schnellhefter oder Ringbuch, dient den Schülern als präsentierbares Ergebnis oder auch als Nachschlagewerk und verschafft Ihnen einen zusätzlichen Überblick über die geleisteten Arbeiten.

Autorin: Stephanie Cech-Wenning
Illustrationen: © Jens Müller
ISBN 978-3-86072-810-9 | www.verlagruhr.de

Vorwort

Einstieg in die Thematik

Vor der eigentlichen Arbeit mit der Werkstatt sollten die Kinder auf alle Fälle schon einmal an den Umgang mit Landkarten herangeführt worden sein. Falls dies im Unterricht noch nicht geschehen ist, bietet sich ein kurzer **Landkartenlesekurs** an. Als Grundvoraussetzung sollen sich die Schüler auf einer Deutschlandkarte orientieren und eine einfache **Legende** lesen können. Wichtig ist auch, dass sie sich mit dem **Maßstab** einer Karte vertraut machen und somit das Verhältnis von Kartengröße und Realität erkennen können.

Der konkrete **Einstieg** in die Thematik erfolgt dann in der Regel gemeinsam im Klassenverband und kann unterschiedlich gestaltet werden. Sie können den Schülern beispielsweise eine **Deutschlandkarte** zeigen und erst einmal auf Entdeckungsreise gehen. Eine weitere Möglichkeit ist, das Wort „Deutschland" als stummen Impuls an die Tafel zu schreiben und es dann nach und nach mit Inhalt zu füllen. So könnte auch ein **Deutschland-Cluster** mit der ganzen Klasse oder in Kleingruppen initiiert werden. Natürlich kann die Klasse sich auch über einen **Text der Werkstatt** in die Thematik einarbeiten. Dafür bieten sich die Arbeitsblätter „Deutschland liegt in Europa" (S. 9), „Millionen Menschen leben hier" (S. 30) oder „Deutschland-Gedicht" (S. 16) besonders an.

Bevor es dann so richtig losgehen kann, sollten Sie mit den Schülern den Arbeits-Pass besprechen sowie organisatorische Regelungen klären. Dabei ist es sinnvoll, zu Beginn der Werkstatt sowie in regelmäßigen Abständen während der Arbeit einige **Verhaltens- bzw. Arbeitsregeln** mit den Schülern zu erarbeiten und zu besprechen. Folgende Regeln haben sich als nützlich erwiesen:

- Ich arbeite leise und störe niemanden.
- Ich unterhalte mich mit meinem Partner im Flüsterton.
- Ich beende begonnene Arbeiten.
- Ich verhalte mich freundschaftlich.
- Ich halte Ordnung und räume auf.
- Ich sammle meine Arbeiten in der Deutschland-Mappe.

Elemente der Werkstattarbeit

Während der Arbeit an der Werkstatt können und sollen natürlich immer wieder **Reflexionsrunden** sowie gemeinsame **Erarbeitungsphasen** eingeschoben werden. Ergebnisse können vorgestellt, Probleme erörtert, neue Kenntnisse vertieft werden usw. Vielleicht haben Sie ja auch die Gelegenheit, mit der Klasse einen der kennen gelernten Flüsse, einen Berg, eine Stadt, ein Ausflugsziel usw. zu besuchen. Dann verlassen Sie das Klassenzimmer und machen sich auf den Weg! Natürlich ist z.B. auch die **Erforschung** eines zwar weniger bekannten, jedoch ortsnahen Flusses eine spannende Sache, durch die sich Lerninhalte vertiefen und festigen.

Wenn die Kinder eine Zeit lang an der Werkstatt gearbeitet haben, ist das **Deutschland-Quiz** (S. 75/76) eine motivierende Arbeitsform, um die Lerninhalte zu wiederholen und zu festigen. Die Quizfragen sind aus den unterschiedlichen Bereichen der Werkstatt zusammengestellt. Die richtige **Antwort** ist jeweils fett gedruckt, sodass die Kinder sich gegenseitig die Fragen stellen und die Anworten überprüfen können. Damit die **Quizkarten** länger haltbar sind, empfiehlt es sich, die Vorlagen auf festeres Papier zu kopieren und eventuell zu laminieren.

Am Ende der Werkstattarbeit empfiehlt sich eine **Endreflexion.** Zum Abschluss der Werkstattarbeit bietet es sich an, die vielfältigen **Ergebnisse** anderen Klassen, Eltern und Freunden zu präsentieren. Dies macht die Kinder stolz auf die Arbeit, die sie geleistet haben, und stärkt ihre Lernmotivation. Vielleicht haben Sie mit Ihren Kindern ja auch Lust, ein Deutschlandfest zu feiern? Mit leckeren Bratkartoffeln, deutscher Musik und einer Runde „Mensch ärgere dich nicht"?

Auf jeden Fall wünsche ich Ihnen und Ihren Schülern viel Spaß auf der Reise durch unser Land!

Stephanie Cech-Wenning

Autorin: Stephanie Cech-Wenning
Illustrationen: © Jens Müller
ISBN 978-3-86072-810-9 | www.verlagruhr.de

Arbeits-Pass von: ______________

Angebot	bearbeitet am	kontrolliert von

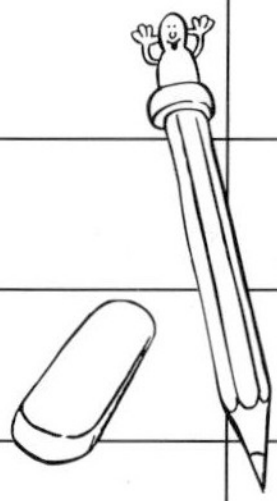

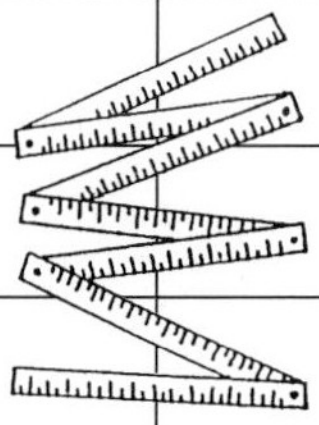
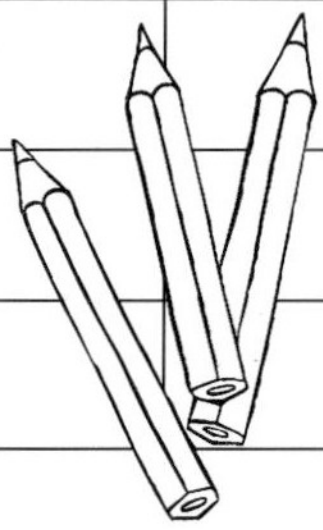

Autorin: Stephanie Cech-Wenning
Illustrationen: © Jens Müller
ISBN 978-3-86072-810-9 | **www.verlagruhr.de**

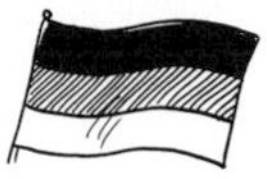

Deutschland liegt in Europa

Auf der Karte siehst du den **Kontinent Europa.** Europa ist in **über 40 Staaten** eingeteilt. Die einzelnen Staaten sind auf der Karte durch dünne, schwarze Linien voneinander getrennt. Das sind die **Grenzen** der Staaten. Einige sehr kleine Staaten, die die Größe einer Stadt haben, sind durch schwarze Punkte gekennzeichnet.

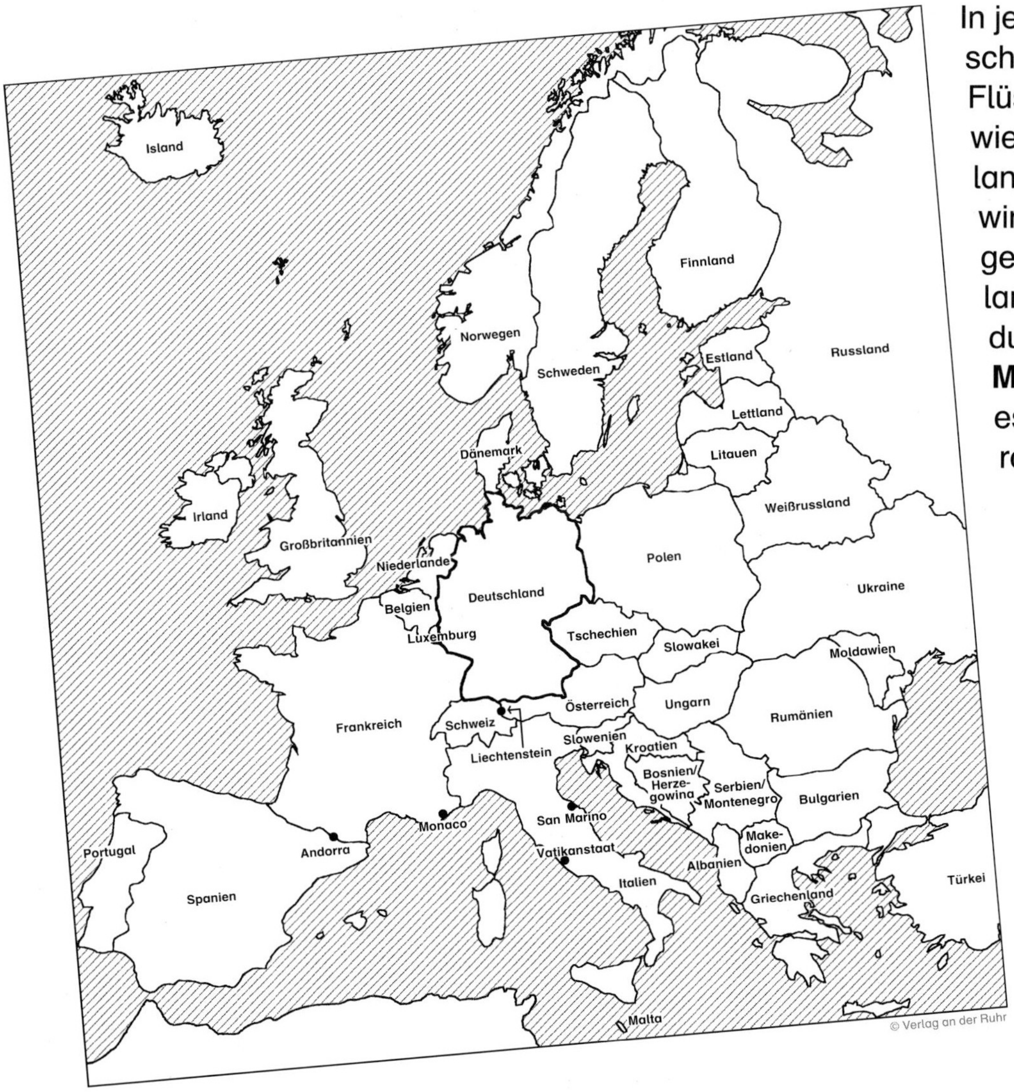

In jedem Staat leben Menschen, und es gibt Städte, Flüsse, Seen ... – genau wie bei uns in Deutschland. In fast jedem Staat wird eine andere **Sprache** gesprochen. Deutschland, das Land, in dem du lebst, ist ein Staat in **Mitteleuropa.** Du kannst es an der dicken Umrandung erkennen.

- ★ Male Deutschland auf der Karte in deiner Lieblingsfarbe an.
- ★ Überlege, warum es heißt: Deutschland liegt in Mitteleuropa.
- ★ Erstellt mit der ganzen Klasse oder in Kleingruppen ein Deutschland-Cluster. Schreibt alles auf, was euch zu Deutschland einfällt.

Autorin: Stephanie Cech-Wenning
Kopfzeile: © N. Höveler; Abb. Fußzeile: © J. Müller
ISBN 978-3-86072-810-9 | **www.verlagruhr.de**

Deutschland und seine Nachbarländer

Auf der Landkarte siehst du Deutschland und seine **neun Nachbarstaaten.** Kein Staat Europas hat so viele Nachbarn wie Deutschland.

- Umrande Deutschland mit einem dicken roten Stift.
- Schreibe die Namen der Nachbarstaaten in dein Heft. Suche aus einer Europakarte die Namen der Hauptstädte heraus. Schreibe zu jedem Staat die Hauptstadt auf.
- Ordne die Staaten nach den Himmelsrichtungen (Norden, Osten, Süden, Westen).
- Hast du schon einmal ein Nachbarland von Deutschland besucht? Erzähle deinen Mitschülern davon. Du kannst auch Fotos zeigen, ein Bild malen oder mit deinen Klassenkameraden ein Plakat zu diesem Staat gestalten.

ISBN 978-3-86072-810-9 | www.verlagruhr.de

Die Flagge und das Wappen von Deutschland

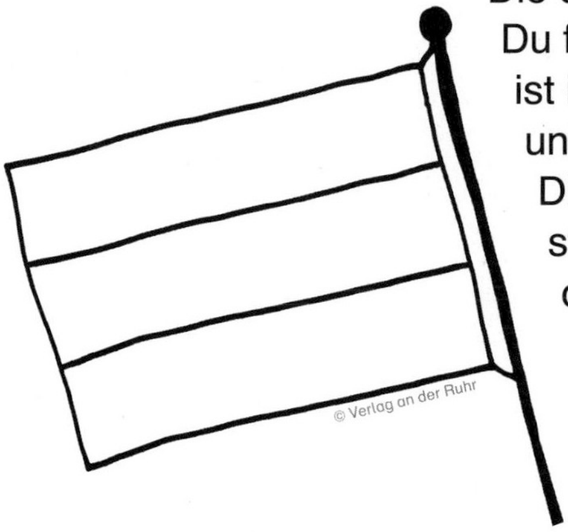

Die deutschen **Nationalfarben** sind Schwarz, Rot und Gold. Du findest sie in der **Flagge** von Deutschland wieder. **Schwarz** ist in der Flagge ganz oben, **Rot** in der Mitte und **Gold** ganz unten. Auf der Flagge ist das Gold als Gelbton dargestellt. Dieser wird jedoch als Gold bezeichnet. Die drei Farben stehen schon seit 1848 offiziell für den deutschen Staat, allerdings mit kurzen Unterbrechungen.

Die **Länder der Erde** haben alle unterschiedliche Flaggen mit verschiedenen Farben und Mustern, sodass man an einer Flagge das Land erkennen kann.

★ Male die Deutschlandflagge richtig an.

★ Du kannst dir auch eine Deutschlandfahne basteln. Schneide dazu die angemalte Flagge aus. Klebe sie dann um einen dünnen Stab (zum Beispiel einen Schaschlik-Stab).

Die Bundesrepublik Deutschland hat außerdem ein **Wappen,** an dem man unser Land erkennen kann. Links siehst du das Wappen. Es ist ein schwarzer Adler mit rotem Schnabel und roten Krallen. Das Schild, auf dem der Adler abgebildet ist, hat eine goldene (gelbe) Farbe.

Der **Adler** ist bereits ein sehr altes Zeichen. Schon die Könige und Herrscher, die vor mehr als 1000 Jahren im Bereich des heutigen Deutschlands regierten, benutzten einen Adler als ihr Zeichen.

★ Male das Deutschlandwappen in den richtigen Farben an.

★ Du kannst dein ausgemaltes Wappen ausschneiden, um damit deine Deutschland-Mappe zu verzieren.

© Verlag an der Ruhr
Autorin: Stephanie Cech-Wenning
Kopfzeile: © N. Höveler; Abb. Fußzeile: © J. Müller
ISBN 978-3-86072-810-9 | **www.verlagruhr.de**

So sieht es in Deutschland aus

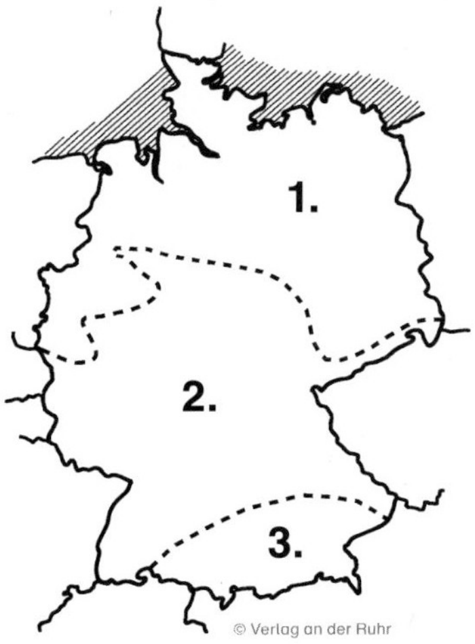

Die **Landschaft** in Deutschland ist sehr abwechslungsreich. Man kann sie in drei **Großräume** einteilen:

1. das Norddeutsche Tiefland
2. die Mittelgebirgszone
3. die Alpen mit Alpenvorland

Wie die gedachten Grenzen verlaufen, zeigt dir die Karte.

Wenn du in den **Norden** Deutschlands reist, siehst du viele **Seen.** Du kannst dort auch bis zur **Nord- und Ostsee** fahren, die zu den **Meeren** gehören. In der Nord- und Ostsee gibt es viele Inseln, die sich wie Perlen an einer Kette in Küstennähe aneinanderreihen. Weil der Norden eher flach ist, wird das Gebiet auch **Tiefland** genannt. In dieser Region kannst du zum Beispiel in Heidelandschaften spazieren gehen und vorsichtig Moore entdecken.

Das **Landesinnere** oder einfacher gesagt die **Mitte** Deutschlands hat viele **Laub- und Nadelwälder** sowie einige mittelhohe **Gebirge.** Aus diesem Grund heißt dieses Gebiet auch **Mittelgebirgszone.**

Im **Süden** Deutschlands kannst du sowohl in Hochebenen wandern als auch in den **Alpen** bergsteigen. Den höchsten Berg der deutschen Alpen, die **Zugspitze,** erreichst du nur als erfahrener Bergsteiger oder per Zahnrad- oder Seilbahn. Auch im Süden gibt es viele **Seen.**

★ Kreuze alle richtigen Sätze an. Die Buchstaben hinter den Aussagen ergeben, von oben nach unten gelesen, dieses Lösungswort: ______________________.

a) Überall in Deutschland sieht es gleich aus. b) Die Landschaft ist in Deutschland sehr verschieden.	Ⓢ Ⓐ
a) Der Norden Deutschlands ist eher flach. b) Der Norden Deutschlands ist sehr gebirgig.	Ⓛ Ⓡ
a) Nord- und Ostsee liegen im Süden des Landes. b) Im Norden kannst du Ost- und Nordsee finden.	Ⓔ Ⓟ
a) Im Landesinneren von Deutschland gibt es viele Wälder. b) In Mitteldeutschland wachsen kaum Bäume.	Ⓔ Ⓛ
a) In Süddeutschland kann man Ski fahren, aber auch in Seen baden. b) Im Süden Deutschlands gibt es keine Seen, sondern nur Berge.	Ⓝ Ⓢ

© Verlag an der Ruhr
Autorin: Stephanie Cech-Wenning
. Kopfzeile: © N. Höveler; Abb. Fußzeile: © J. Müller
ISBN 978-3-86072-810-9 | www.verlagruhr.de

Deutschland allgemein 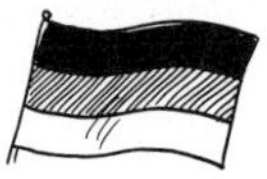

Landnutzung in Deutschland

Deutschland ist ungefähr 357 000 km² (Quadratkilometer) groß. Ungefähr die Hälfte des Landes wird als **Ackerland** und **Weidefläche** genutzt. Ein weiterer Großteil ist **Waldfläche.** Auf den Feldern werden hauptsächlich **Getreide** (vor allem Weizen, Gerste, Roggen und Hafer), **Kartoffeln** und **Zuckerrüben** angebaut. Zudem gibt es in Deutschland **Obstplantagen,** auf denen Äpfel, Birnen und andere Früchte geerntet werden. Bei uns wird auch **Hopfen,** den man zum Bierbrauen benötigt, angepflanzt. In den wärmeren Regionen werden **Trauben** zur Weinherstellung geerntet.

Auf den Weideflächen findet man zumeist **Rinder** selten auch **Schweine** als Fleischlieferanten für unsere Nahrung. Zudem gibt es viele **Milchkühe,** deren Milch auch zu Butter, Käse, Quark und Jogurt weiterverarbeitet wird. Viele der bei uns benötigten Nahrungsmittel werden im Land selbst angebaut. Die übrigen Nahrungsmittel, wie zum Beispiel Reis, Bananen und Kakao, werden aus anderen, oft mehrere 1 000 Kilometer entfernten Ländern **importiert,** also ins Land gebracht.

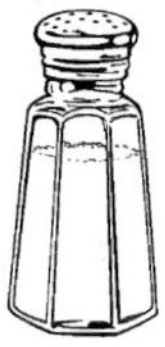

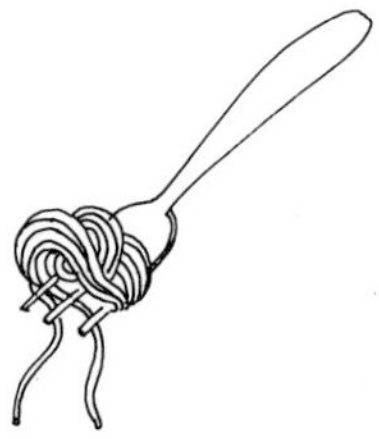

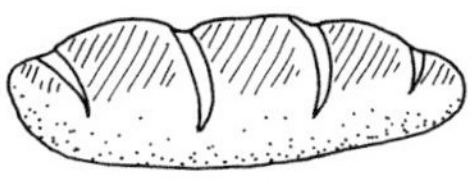

★ Rund um den Text findest du jede Menge Nahrungsmittel. Male alle Nahrungsmittel an, die in Deutschland wachsen oder gewonnen werden können.

★ Finde heraus, aus welchen Ländern die Nahrungsmittel stammen, die nicht ursprünglich aus unserem Land sind.

★ Welche Art von Landnutzung ist rund um deinen Wohnort zu finden? Mache dich schlau. Schreibe deine Ergebnisse in dein Heft oder auf ein Plakat.

ISBN 978-3-86072-810-9 | www.verlagruhr.de

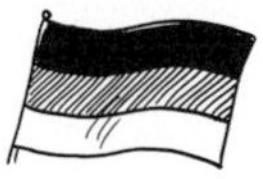

Industrie in Deutschland

Deutschland ist ein **Industriestaat.** Das bedeutet, dass es in Deutschland sehr viele **Industriezweige** gibt, die verschiedene **Produkte** herstellen. Diese Waren werden auch in andere Länder verkauft. In den Fabriken werden vor allem **Maschinen, Elektrogeräte** (High-Tech), **Autos** sowie **chemische Produkte** hergestellt.

Auf der Karte siehst du, wo die Industriezweige in Deutschland besonders häufig zu finden sind. Die **Legende** an der Seite zeigt dir, was die Bilder bedeuten.

★ Schaue dir die Karte genau an. Was entdeckst du darauf?

★ Welche Industriezweige gibt es in eurer Nähe?

1. Schaue auf der Karte oben nach.
2. Welche Industriezweige sind in eurer Umgebung noch vorhanden, die nicht auf der Karte stehen? Informiere dich.

© Verlag an der Ruhr
Autorin: Stephanie Cech-Wenning
Kopfzeile: © N. Höveler; Abb. Fußzeile: © J. Müller
ISBN 978-3-86072-810-9 | www.verlagruhr.de

Unser Wetter

Weißt du, was das Wort **„Klima“** bedeutet? Klima nennt man den durchschnittlichen Verlauf des Wetters in einem bestimmten Gebiet über viele Jahre. So beschreibt das Klima die **Wetterverhältnisse** in einem Gebiet oder auch in einem Land.

In Deutschland herrscht ein **gemäßigtes Klima.** Bei uns ist es also weder außergewöhnlich heiß noch extrem kalt. Im **Sommer** ist es normalerweise warm, und im **Winter** kann es an manchen Tagen recht kalt werden. Der kälteste Monat im Jahr ist meist der Januar. Dann kann es bei uns etwa –10°C kalt werden. Der wärmste Monat ist oft der Juli. Bestimmt kannst du dich an heiße Sommertage erinnern, an denen die Temperatur über 30°C stieg. Wie du sicherlich schon oft feststellen konntest, wechselt unser Wetter ständig. Oft weht bei uns ein **Wind,** der meistens aus dem **Westen** kommt. Dabei gibt es in den Monaten Februar und März in der Regel am wenigsten **Regen.** Die regenreichsten Monate sind oft die Sommermonate Juni, Juli und August.

★ Schreibe über eine Woche lang ein Wetter-Tagebuch. Dazu benötigst du ein Thermometer. Lege dir in deinem Heft eine Tabelle an. Trage regelmäßig und möglichst genau deine Beobachtungen ein.

Datum	**Temperatur** morgens	**Temperatur** mittags	**Temperatur** abends	**Regen** ja/nein viel/wenig	**Wind** ja/nein Richtung	**Besonderheiten** z.B. Schnee
Mo: 07.04.	10°C	14°C	11°C	ja, viel	ja, Westen	Sturm
Di:						
Mi:						

★ Betrachte deine vollständige Tabelle. Was fällt dir auf? (Zum Beispiel niedrigste/höchste Tagestemperatur, Wechselhaftigkeit des Wetters, ...)

★ Vergleiche die Werte aus deiner Tabelle mit den Werten deiner Klassenkameraden.

★ Schaue dir die Wettervorhersage im Fernsehen oder in der Tageszeitung an. Natürlich kannst du sie dir auch im Radio anhören. Notiere dir im Heft genau, welches Wetter und welche Temperaturen für den kommenden Tag angesagt werden. Überprüfe die Angaben am nächsten Tag.

ISBN 978-3-86072-810-9 | www.verlagruhr.de

Deutschland-Gedicht

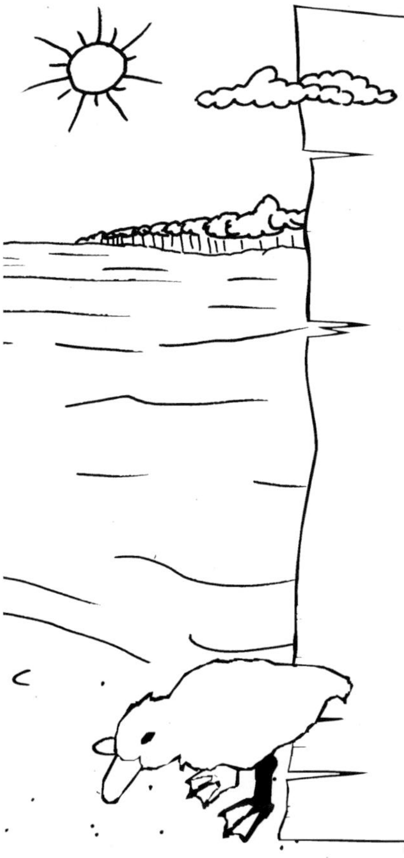

Deutschland liegt in Europa,
das wusste schon mein Opa.

Berlin – so heißt die Hauptstadt, ja!
Das ist uns allen sonnenklar.

Als große Städte hier im Land
sind Köln, Hamburg und München bekannt.

Donau, Elbe und der Main,
sind große Flüsse wie der Rhein.

Nord- und Ostsee kannst du seh'n
und im Wasser baden geh'n.

Das Wandern in den Alpenspitzen
lässt dich im Sommer ganz schön schwitzen.

Jede Menge toller Sachen
kannst du hier im Lande machen.

In Deutschland, ja, da wohne ich,
es ist das Heimatland für mich.

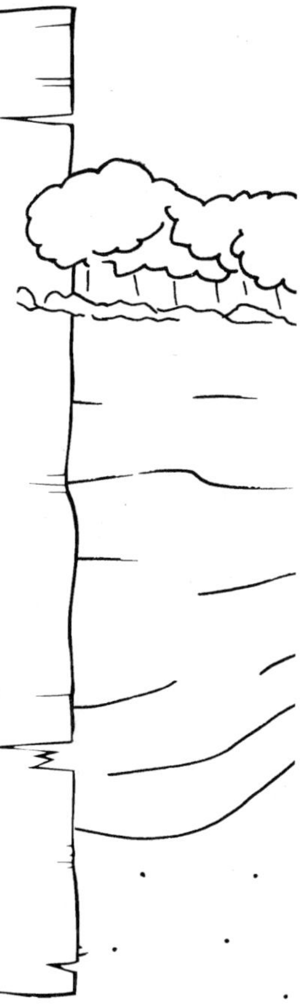

Wähle Aufgaben aus:

★ Lies dir das Gedicht durch.

★ Unterstreiche die Reimwörter im Gedicht.

★ Lies das Gedicht mehrmals durch.
Versuche, es schön vorzutragen. Denke dabei an:

- *langsames und deutliches Sprechen*
- *kurze Pausen nach jeder Strophe*
- *passende Betonungen und rhythmisches Vortragen*

Schaffst du es vielleicht sogar auswendig?

★ Schreibe das Gedicht in Schönschrift auf ein Blatt Papier. Verziere das Blatt. Du kannst auch einzelne Buchstaben und Wörter verschönern.

★ Male zu dem Gedicht ein Bild.

★ Knete eine Stelle aus dem Gedicht nach. Können deine Mitschüler erkennen, welche Stelle du ausgewählt hast?

★ Überlege dir mit deinen Klassenkameraden zusammen Bewegungen, um das Gedicht pantomimisch nachzuspielen.

Autorin: Stephanie Cech-Wenning
. Kopfzeile: © N. Höveler; Abb. Fußzeile: © J. Müller
ISBN 978-3-86072-810-9 | www.verlagruhr.de

Die Bundesländer

Die Bundesrepublik Deutschland ist in **16 Bundesländer** eingeteilt. Die schwarzen, dünnen Linien zeigen dir, wo die einzelnen Bundesländer liegen und wie groß sie sind. Jedes Bundesland hat einen eigenen **Namen,** eine **Landeshauptstadt** und eine **Landesregierung.** Wo die Landeshauptstädte liegen, erkennst du an den schwarzen Punkten. Dort steht auch, wie die Städte heißen.

- ★ Male jedes Bundesland in einer anderen Farbe oder mit einem anderen Muster an.
- ★ Schreibe die Namen der Bundesländer und ihrer Landeshauptstädte in dein Heft. *Tipp: Du kannst dafür eine Tabelle zeichnen.*
- ★ Umrande das Bundesland, in dem du lebst, mit einem Stift. Welche Nachbarbundesländer hat es?
- ★ Lerne die 16 Bundesländer und ihre Hauptstädte auswendig. Versuche, dir zu merken, wo die einzelnen Bundesländer liegen. Klappt es schon?

Autorin: Stephanie Cech-Wenning
…ile: © Verlag an der Ruhr; Abb. Fußzeile: © J. Müller
ISBN 978-3-86072-810-9 | www.verlagruhr.de

Das größte und das kleinste Bundesland

Bayern ist in Deutschland das Bundesland mit der größten Fläche und **Bremen** das mit der kleinsten Fläche. Je mehr **Städte** in einem Bundesland sind, desto mehr Menschen wohnen auch in diesem Land. Wenn in einem Bundesland viel **Landwirtschaft** betrieben wird, gibt es dort in der Regel weniger Städte und somit auch weniger Einwohner.

★ Trage die Daten von Ende 2018 aus der Karte in eine Tabelle ein. Beginne mit dem Bundesland mit der größten Fläche. Schreibe so:

Bundesland	**Fläche in km²**	**Einwohner** (cirka)
Bayern	70.542 km²	12.997.000 EW

Autorin: Stephanie Cech-Wenning

ISBN 978-3-86072-810-9 | **www.verlagruhr.de**

Die Wappen der Bundesländer

Wappen von Nordrhein-Westfalen

Alle 16 deutschen **Bundesländer** haben ein eigenes **Wappen.** An diesen Wappen kann man die verschiedenen Bundesländer erkennen. Das Wappen des jeweiligen Bundeslandes ist zum Beispiel auch auf den deutschen **Autokennzeichen** abgebildet. Achte in den nächsten Tagen einmal darauf! Jedes **Zeichen** in den Wappen hat eine bestimmte Bedeutung. So steht zum Beispiel die Wellenlinie im Wappen von Nordrhein-Westfalen für den Fluss Rhein und die Region Rheinland.

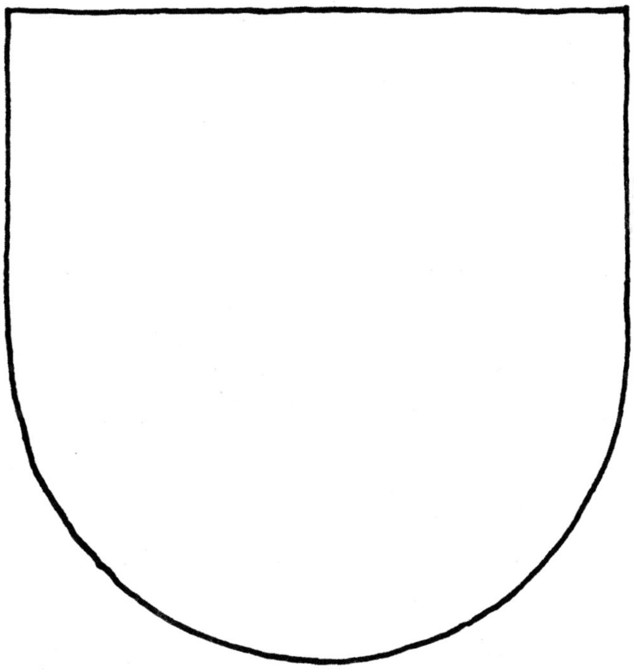

- ★ Schaue dir im Internet oder in einem Buch (zum Beispiel in einem Lexikon) die Wappen der deutschen Bundesländer an. Was kannst du darauf erkennen?
  Internettipp: www.blinde-kuh.de
  (Suchbegriffe: Wappen – Bundesländer)
- ★ Male das leere Wappen oben wie das Wappen deines eigenen Bundeslandes an.
- ★ Informiere dich über die Bedeutung der Zeichen in diesem Wappen. Frage deine Eltern, Bekannte oder eure Stadtverwaltung.
- ★ Gestalte auf einem weißen Blatt ein eigenes Wappen. Versuche das Wappen so zu gestalten, dass es typisch für dich ist und man dich daran erkennen kann. Du kannst malen, zeichnen, basteln, kneten, sticken ...

ISBN 978-3-86072-810-9 | www.verlagruhr.de

Das Bundesländer-ABC-Gedicht

Mit Deutschland sind 16 Länder gemeint,
doch trotzdem ist bei uns alles vereint.

Denn 16 Bundesländer hat das Land,
aber nur eine richtige Grenze am Rand.

Kein Land mit A und fünf Länder mit B –
das ist das Bundesländer-ABC.

Da sind Baden-Württemberg, Berlin und Bremen
sowie Brandenburg und Bayern zu erwähnen.

Dann ist Pause bis zum Buchstaben H
und schon sind auch Hessen und Hamburg da.

Mit M folgt in Wintern wie in Sommern
das Bundesland Mecklenburg-Vorpommern.

Bundesländer mit N sind natürlich dabei,
Niedersachsen und Nordrhein-Westfalen, die zwei.

Rheinland-Pfalz ist das Land mit R bei uns hier –
es folgen die Länder mit S, und zwar vier.

Häng an Bundesland Sachsen auch Anhalt dran,
dann kennt zwei Bundesländer schon jedermann.

Im Süden des Landes mit S uns bekannt –
das Bundesland hier wird das Saarland genannt.

Und schließlich im Norden an Seen und Meer
brauchen wir das Land Schleswig-Holstein doch sehr.

Ein Land fehlt noch – du musst es schnell bringen,
drum sag zum Schluss einfach noch Thüringen.

- Lies dir das Gedicht durch.
- Suche die Namen aller Bundesländer aus dem Gedicht heraus. Unterstreiche sie in deiner Lieblingsfarbe.
- Unterstreiche die Reimwörter im Gedicht.
- Lies das Gedicht mehrmals durch. Versuche, es schön vorzutragen. Schaffst du es vielleicht sogar auswendig?
- Schreibe das Gedicht in Schönschrift auf ein Blatt Papier. Verziere das Blatt. Du kannst auch einzelne Buchstaben und Wörter verschönern.

ISBN 978-3-86072-810-9 | www.verlagruhr.de

Bundesländer-Puzzle

★ Bastele dir ein Bundesländer-Puzzle.

Du brauchst:

eine vergrößerte Kopie der Deutschlandkarte unten, auf Pappe geklebt; Buntstifte; eine Schere; eventuell eine Landkarte von Deutschland

So wird es gemacht:

1. Male die Bundesländer in verschiedenen Farben an.
2. Trage die Namen der Bundesländer und der Landeshauptstädte in die Karte ein.
   Tipp: Schaue dazu auf eine Landkarte von Deutschland.
3. Schneide das Puzzle außen herum aus.
4. Schneide dann alle Bundesländer-Puzzleteile so genau wie möglich aus.

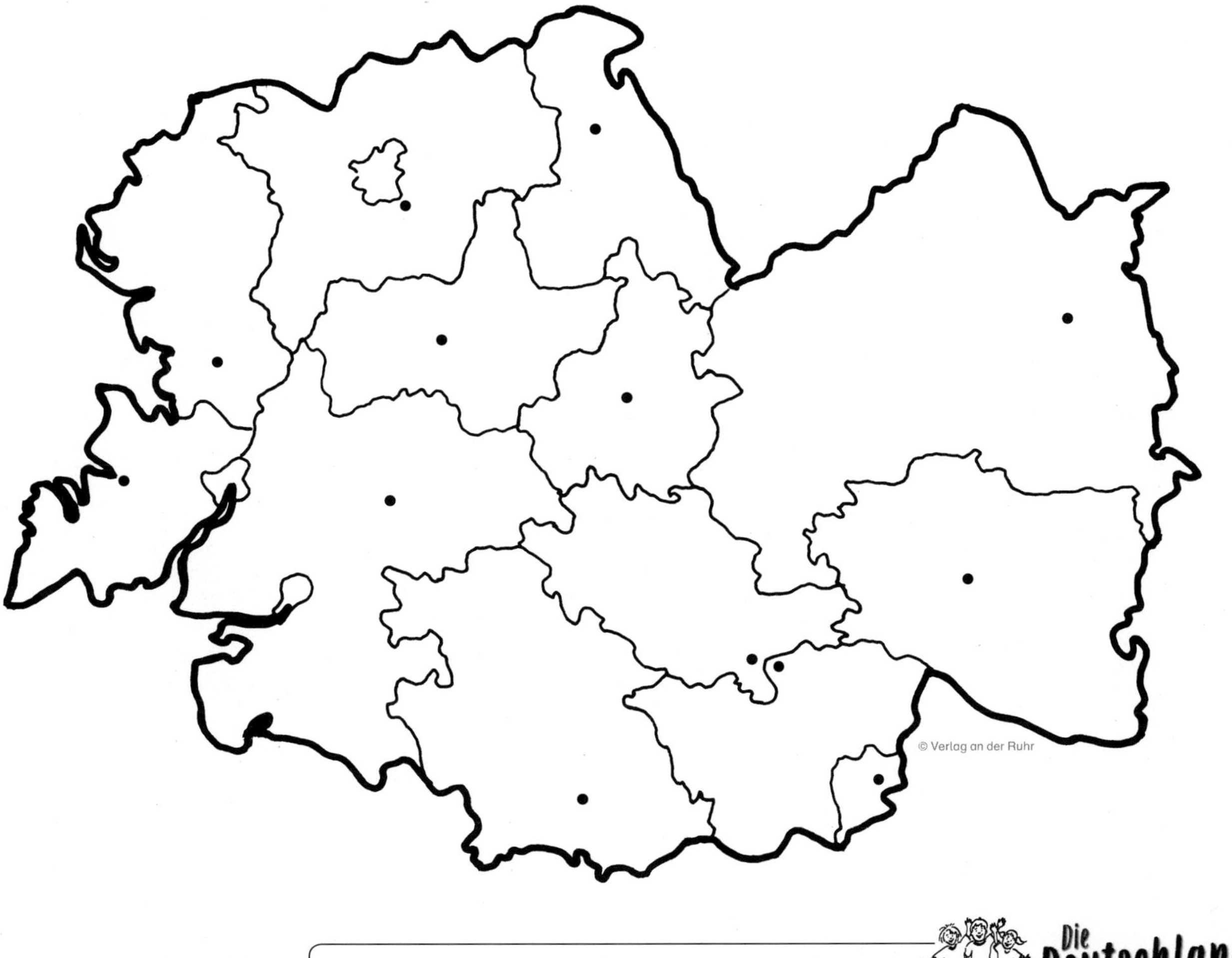

© Verlag an der Ruhr
Autorin: Stephanie Cech-Wenning
ile: © Verlag an der Ruhr; Abb. Fußzeile: © J. Müller
ISBN 978-3-86072-810-9 | www.verlagruhr.de

Die Geschichte Deutschlands

Deutschland besteht noch gar nicht lange in seiner heutigen Form. Das Land, das wir heute Deutschland nennen, hat nämlich schon eine lange **Geschichte** hinter sich. Im Gebiet des heutigen Deutschlands lebten früher Menschen vieler verschiedener Völkerstämme, wie die **Kelten, Germanen** und **Römer.** Sie nannten das Land aber anders als heute, nämlich **Germanien.** Zu Beginn des 9. Jahrhunderts nach Christus gelang es **Karl dem Großen,** dem berühmten Kaiser, alle germanischen Stämme in einem **Reich** zu vereinen. Nach seinem Tod teilten seine Nachfahren das Reich in drei Gebiete auf. Aus einem dieser Gebiete entwickelte sich später das Land, das wir heute Deutschland nennen.

© Magnus Siemens

In dem Gebiet lebten damals noch nicht so viele Menschen wie heute. Im **Mittelalter** (ungefähr 500 bis 1500 nach Christus) lagen die **Dörfer,** die hauptsächlich von **Bauern** bewohnt wurden, oft in der Nähe und im Schutz von Burgen. Auf den **Burgen** lebten der **Adel** und die **Ritter,** die die Burg und das Umland gegen Feinde verteidigten. Die **Bürger** in den **Städten** sorgten für ihren eigenen Schutz, indem sie eine **Stadtmauer** bauen und einen **tiefen Graben** ziehen ließen.

Das Gebiet des heutigen Deutschlands war länger als andere europäische Staaten unter viele **Herrscher** aufgeteilt. Die **Landesgrenzen** verschoben sich des Öfteren, da häufig kleinere Kriege geführt wurden. 1871 endete die Zerstrittenheit. Aus vielen kleinen deutschen Staaten wurde ein großes **Reich.** Von 1914 bis 1918 führte das Deutsche Reich unter seinem Kaiser Wilhelm II. den **1. Weltkrieg,** den es verlor. Am Ende des Krieges wurde Deutschland zur **Republik.** Von da an herrschte also kein Kaiser oder König mehr. Stattdessen bekamen die Bürger des Landes ein Wahlrecht und somit die Möglichkeit zur Mitbestimmung. 1939 begann Deutschland unter der Führung Adolf Hitlers den **2. Weltkrieg.** 1945 verlor Deutschland diesen Krieg und wurde einige Jahre später, 1949, in zwei Teile geteilt: in die **Bundesrepublik Deutschland (BRD)** und in die **Deutsche Demokratische Republik (DDR).** Seit 1989 sind die beiden Teile Deutschlands wieder vereint.

★ Schaue dir die Zeichnung einer mittelalterlichen Stadt genau an. Baue eine solche Stadt nach (zum Beispiel aus Sand im Sandkasten, mit Kartons oder aus Knete).

Autorin: Stephanie Cech-Wenning
. Kopfzeile: © M. Siemens; Abb. Fußzeile: © J. Müller
ISBN 978-3-86072-810-9 | www.verlagruhr.de

Oma erzählt vom 2. Weltkrieg (1)

★ Lies dir die Geschichte leise durch.

© Magnus Siemens

Tim: *„Oma, wie alt bist du eigentlich?“*

Oma: „Wieso fragst du? Sehe ich heute besonders alt oder vielleicht plötzlich wieder jung aus?“

Tim: *„Du siehst aus wie immer! Wie Oma eben.“*

Oma: „Dann rechne mal selber, Junge! Ich bin 1930 geboren.“

Tim: *„Mhm.“*

Oma: „Da ist doch noch etwas! Wieso druckst du herum? Was willst du eigentlich wissen?“

Tim: *„Oma, hast du den 2. Weltkrieg miterlebt?“*

Oma: „Wie alt bist du jetzt?“

Tim: *„Acht Jahre!“*

Oma: „Dann setz dich mal her und hör mir gut zu. – Ja, ich habe den 2. Weltkrieg miterleben müssen. Wir mussten damals aus unserem Heimatdorf flüchten, weil alles beschossen und bombardiert wurde. Wir haben alles zurückgelassen: unser Haus, die Möbel, meine Lumpenpuppe, den Garten, einfach alles. Jeder nahm mit, soviel er tragen konnte. Mehr nicht! Mit einem einzigen Fahrrad sind wir vier Mädels mit unserer Mutter los. Oft hatten wir großen Hunger, haben gefroren und mussten für eine lausige Unterkunft und schlechtes Essen hart arbeiten. Mein Vater musste als Soldat in den Krieg ziehen. Wir wussten selten, wo er war und ob er noch lebte. Zum Glück hat er es geschafft und ist nach Kriegsende wiedergekommen. Ich hatte sehr oft Angst.
Ich war zwar noch ein Kind und später ein junges Mädchen, aber verstehen konnte ich den ganzen Krieg nie.“

© Magnus Siemens

Tim: *„Wieso kam es überhaupt zu diesem Krieg?“*

Oma: „Das ist nicht ganz einfach. Ich versuche es aber einmal zu erklären. Der 2. Weltkrieg dauerte von 1939 bis 1945.
Im Jahr 1933 wurde die Partei Adolf Hitlers bei den Wahlen die stärkste Partei. So kamen Adolf Hitler und seine Anhänger, die Nationalsozialisten, an die Macht.

© Verlag an der Ruhr
Autorin: Stephanie Cech-Wenning
. Kopfzeile: © M. Siemens; Abb. Fußzeile: © J. Müller
ISBN 978-3-86072-810-9 | www.verlagruhr.de

Oma erzählt vom 2. Weltkrieg (2)

Oma: (Fortsetzung)

Im Laufe der Jahre bis 1939 bauten sie ihre Machtposition gewaltsam immer weiter aus. Sehr bald mussten Menschen, die gegen den Nationalsozialismus waren, Angst haben, getötet zu werden. Hitler und die Nationalsozialisten wollten Deutschland noch größer machen, als es war, und dafür andere Länder erobern. Aus diesem Grund ließen sie sehr viele Waffen herstellen und eine Menge Soldaten ausbilden. Sie hielten sich nicht an Friedensverträge, sondern griffen nacheinander mehrere Nachbarländer an. Die Nationalsozialisten glaubten, dass die Deutschen eine besonders gute Rasse seien und dass andere Menschengruppen zu den schlechteren und schwächeren Rassen gehören würden. Deshalb hätten die Deutschen das Recht, die ihrer Meinung nach minderwertigen Rassen auszurotten. So wurden immer mehr Länder und Menschen in den Krieg verwickelt, bis es schließlich ein Weltkrieg war. Hitler und die Nationalsozialisten hatten damals in Deutschland viele Anhänger. Die Mehrheit der Deutschen tat, was die Nationalsozialisten anordneten."

© Magnus Siemens

Tim: *„Aber warum machten die Menschen das? Haben die nicht gemerkt, wie blöd Hitler und die Nationalsozialisten dachten?"*

Oma: „Einige schon, andere nicht. Sie haben Hitler und den Nationalsozialisten unter anderem gehorcht, weil sie es damals geschafft haben, wieder ganz vielen Menschen Arbeit zu beschaffen. Wer Arbeit hat, hat Geld. Wer Geld hat, kann sich kaufen, was er braucht, und ist zufrieden. Da denkt man manchmal nicht nach oder verdrängt schlimme Gedanken. Viele Menschen hatten auch Angst, etwas gegen Hitler und die Nationalsozialisten zu sagen, da viele ihrer Gegner getötet wurden."

Tim: *„Und wie war das mit den Juden, Oma?"*

Oma: „Ja, da werde ich wieder traurig. Hitler und die Nationalsozialisten behaupteten, dass die Juden eine minderwertige Rasse mit schlechten Eigenschaften seien. Deshalb dürfte sich diese Rasse nicht weiter ausbreiten, sondern müsste ausgerottet werden. Außerdem wurden nicht nur die Juden verfolgt und getötet, sondern auch andere Menschengruppen, die angeblich zu weniger guten Rassen gehören würden, zum Beispiel die Völker im Osten, Sinti und Roma und sogar Behinderte.
Die Rassen-Idee der Nationalsozialisten war unsinnig, aber mit der Zeit glaubten immer mehr Menschen daran. Deswegen wurden sehr viele Juden und andere Menschen gequält und ermordet. Kinder, Frauen, Männer – ganz egal."

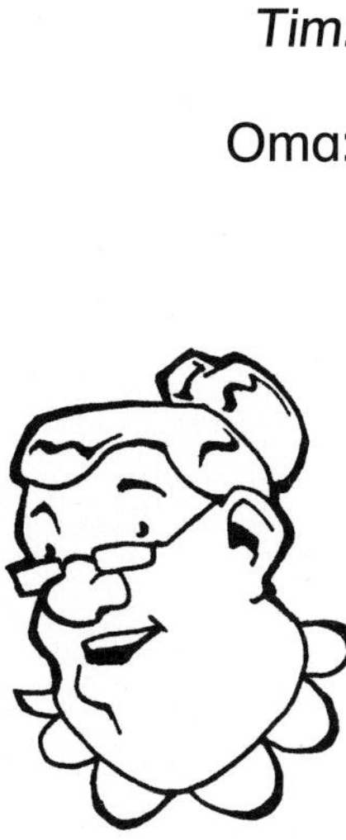
© Magnus Siemens

Autorin: Stephanie Cech-Wenning
. Kopfzeile: © M. Siemens; Abb. Fußzeile: © J. Müller
ISBN 978-3-86072-810-9 | www.verlagruhr.de

Oma erzählt vom 2. Weltkrieg (3)

Tim: *„Wieso war der Krieg dann vorbei?“*

Oma: „Zum Glück wurde der Krieg 1945 beendet, weil Großbritannien, Frankreich, die USA und die damalige Sowjetunion gegen Hitler und seine Helfer gekämpft haben. Deutschland hat dabei schließlich den Krieg verloren. Hier war alles kaputt und zerstört, aber endlich wieder Frieden. Ich konnte es am Anfang gar nicht glauben vor Freude.“

Tim: *„Ach Oma. So etwas Schlimmes darf nie wieder passieren!“*

Oma: „Das stimmt! Wenn wir alle gute Menschen sind und unseren Kopf fürs Nachdenken gebrauchen, können wir dazu beitragen, solche schlimmen Ereignisse zu verhindern.“

© Magnus Siemens

© Jens Müller

- Lest die Geschichte in der Klasse mit verteilten Rollen.
- Sprecht in eurer Klasse gemeinsam über die Geschichte.
- Die Taube ist ein Zeichen des Friedens. Male ein Friedensbild mit Taube.
- Lies dir auch die Seiten „Die Geschichte Deutschlands“ (S. 22) und „Als Deutschland aus zwei Staaten bestand“ (S. 26) durch. Sie verraten dir noch mehr über die Geschichte des Landes.
- In vielen anderen Ländern der Erde herrscht momentan aus den unterschiedlichsten Gründen Krieg. Schaue in einer Zeitung nach, von welchen Kriegen dort berichtet wird. Sprecht in der Klasse über diese Kriegssituationen.

Autorin: Stephanie Cech-Wenning
Kopfzeile: © M. Siemens; Abb. Fußzeile: © J. Müller
ISBN 978-3-86072-810-9 | www.verlagruhr.de

Als Deutschland aus zwei Staaten bestand

Nach dem verlorenen **2. Weltkrieg** wurde Deutschland in vier **Besatzungszonen** eingeteilt. Die vier Siegermächte des Krieges, die **USA,** die **Sowjetunion (UdSSR), Großbritannien** und **Frankreich,** hatten sich Deutschland untereinander aufgeteilt und übten in ihren Teilen die Oberherrschaft aus. Die **Hauptstadt Berlin** wurde jedoch von allen gemeinsam regiert. Da sich die UdSSR mit den drei anderen Siegern nicht einig werden konnte, wurde Deutschland im Jahre 1949 in **zwei deutsche Staaten** geteilt: in die **Bundesrepublik Deutschland (BRD)** und die **Deutsche Demokratische Republik (DDR).** Dabei herrschten die USA, Großbritannien und Frankreich über die BRD. Die UdSSR hatte allein ihren Herrschaftsbereich in der DDR. Auf der Karte kannst du sehen, wo die **Grenze** verlief.

© Verlag an der Ruhr

Entlang dieser Grenze war ein hoher, ständig bewachter **Zaun** aufgebaut, da die **Regierung** der DDR es den Menschen nicht erlaubte, in die BRD oder andere westliche Länder zu reisen. Die Menschen in Ostdeutschland waren unfrei. Da in der DDR – anders als in der BRD – keine **Demokratie** herrschte, konnten die Menschen nicht frei ihre **Meinung** äußern und sich auch nicht an politischen **Entscheidungen** in ihrem Land beteiligen.

Auch die **Hauptstadt Berlin** wurde 1961 durch eine **Mauer** in einen **Ost-** und einen **Westteil** geteilt. Da die Menschen über die Mauer wütend und traurig waren und dagegen protestieren wollten, malten viele Westberliner die Mauer von ihrer Seite aus bunt an. Den Menschen in Ostberlin war es nicht erlaubt, sich der Mauer zu nähern.

Zum Glück wurde im Jahre 1989 die Grenze zwischen Ost- und Westdeutschland aufgehoben. Die Menschen im Osten hatten es geschafft, sich friedlich gegen die Teilung Deutschlands zu wehren und damit die **Wiedervereinigung** zu bewirken. Es fand ein großes Fest statt. Und von der bunt bemalten Berliner Mauer wurde Stück für Stück weggetragen. Seitdem leben die Deutschen aus Ost und West wieder in **einem Staat.**

★ Suche auf der Landkarte drei Städte, drei Flüsse und drei Gebirge oder Berge heraus, die früher zur DDR gehörten. Schreibe die Namen in dein Heft.

★ Frage deine Eltern oder Großeltern nach der Zeit, in der Deutschland in zwei Teile geteilt war. Was wissen sie noch?

Autorin: Stephanie Cech-Wenning
. Kopfzeile: © M. Siemens; Abb. Fußzeile: © J. Müller
ISBN 978-3-86072-810-9 | www.verlagruhr.de

Wer regiert das Land? – Politik in Deutschland

Wir in Deutschland leben in einer **Demokratie.** Dies bedeutet, dass in unserem Land das **Volk** herrscht. Alle Erwachsenen ab 18 Jahren können bei den alle vier Jahre stattfindenden **Bundestagswahlen Abgeordnete** wählen. Diese Abgeordneten bilden dann das **Parlament,** das bei uns **Bundestag** heißt. Das Parlament wählt die **Bundesregierung** und entscheidet zum Beispiel über neue Gesetze.

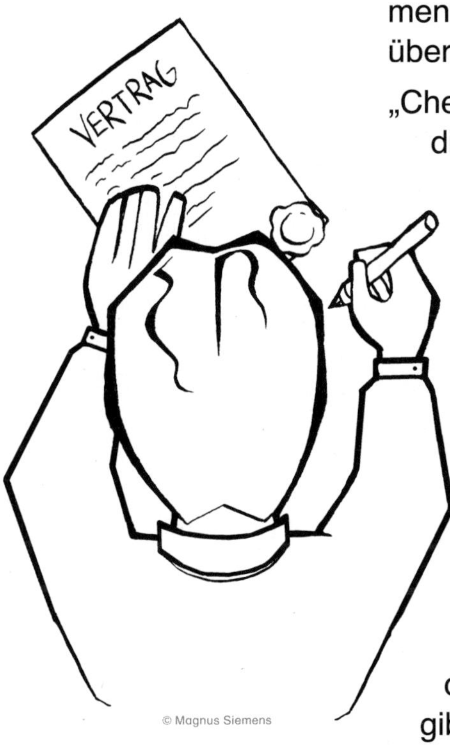

© Magnus Siemens

„Chef" der Bundesregierung ist der **Bundeskanzler.** Er lenkt die Richtung der Politik und wird alle vier Jahre neu gewählt. Der Bundeskanzler schlägt die **Bundesminister** vor, die für einzelne Bereiche des Landes zuständig sind. So gibt es zum Beispiel einen Verkehrsminister, einen Umweltminister, einen Gesundheitsminister und einen Verteidigungsminister.

Staatsoberhaupt von Deutschland ist der **Bundespräsident.** Er vertritt das Land zum Beispiel bei Besuchen im **Ausland** und unterzeichnet Verträge mit anderen Staaten. Außerdem ernennt er die Bundesminister offiziell in ihrem Amt. So ist er der höchste **Repräsentant** Deutschlands.

Deutschlands Hauptstadt ist **Berlin.** Von dort aus wird das Land regiert und verwaltet. Neben der Bundesregierung gibt es in jedem **Bundesland** eine eigene **Landesregierung.** Diese regelt wichtige Dinge, die nur das jeweilige Bundesland betreffen. Auch in den einzelnen Bundesländern werden die **Abgeordneten** des so genannten **Landtags** von den Bürgern gewählt.

- ★ Finde heraus, wie der derzeitige Bundeskanzler und der Bundespräsident heißen. Wenn du Lust hast, kannst du aus einer Zeitung ein Foto des momentanen Bundeskanzlers und Bundespräsidenten heraussuchen.
- ★ Im Text werden vier Minister erwähnt. Unterstreiche, wie die Minister genannt werden. Überlege dir, welche Aufgaben diese Personen haben. Ihre Namen verraten es dir schon!
- ★ Kennst du noch weitere Minister? Erkundige dich zum Beispiel in deiner Familie danach, durchsuche die Zeitung, oder schaue dir die Nachrichten im Fernsehen an.
- ★ Was weißt du noch über Politik? Schreibe es in dein Heft. Sprecht darüber auch gemeinsam in der Klasse.

ISBN 978-3-86072-810-9 | www.verlagruhr.de

Die deutsche Sprache

Die deutsche Sprache hat sich über einen sehr langen Zeitraum entwickelt. Im **8. Jahrhundert** wurde die deutsche Sprache zum ersten Mal erwähnt. Sie klang damals aber noch nicht so, wie sie heute klingt. Sie hat sich im Laufe der Zeit immer wieder verändert.

Hier ist ein Beispiel! Kannst du alles verstehen?

althochdeutsch (um 750–1050):	*Fater unsêr dû pist in himilum*
mittelhochdeutsch (um 1050–1500):	*Fater unser du bist in himel*
neuhochdeutsch (seit 1500):	*Vater unser, der du bist im Himmel*

Auch heute ist die deutsche Sprache nicht „fertig". Ständig kommen **neue Wörter** hinzu, auch aus anderen Sprachen. Gelegentlich verändern sich Wörter auch allmählich beim Sprechen im Alltag.

Erst im **16. Jahrhundert** wurde die damals schon gesprochene deutsche Sprache auch vermehrt als **Schriftsprache** benutzt. Bis dahin wurde hauptsächlich lateinisch geschrieben. Sicherlich hast du schon einmal von **Martin Luther** (1483–1546) gehört. Er hat damals die **Bibel** von der lateinischen in die deutsche Sprache übersetzt und so aufgeschrieben. Dadurch wurde es sozusagen modern, deutsch zu schreiben. Die deutsche Sprache klingt auch heute in Deutschland nicht immer gleich. Denn es gibt viele gesprochene **Dialekte** und **Mundarten.** Obwohl die Wörter gleich geschrieben werden – und zwar immer hochdeutsch – werden sie an unterschiedlichen Orten verschieden ausgesprochen.

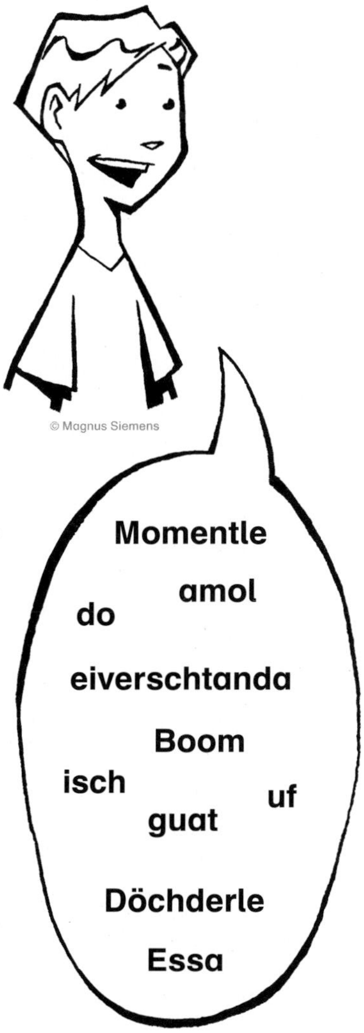

© Magnus Siemens

★ Immer eines der hochdeutschen Wörter unten gehört zu einem schwäbischen Wort in der Sprechblase. Schreibe die zusammengehörenden Paare in dein Heft.
Hinweis: Schwäbisch ist ein Dialekt, den man in Schwaben spricht. Schwaben ist eine Region in Süddeutschland.

Essen **einmal** **gut** **Baum**

einverstanden **auf** **da** **ist**

Töchterchen **Moment**

ISBN 978-3-86072-810-9 | www.verlagruhr.de

Das deutsche Geld

Früher, als es noch kein Geld gab, haben die Menschen **Ware gegen Ware** getauscht. Eine Bäuerin ging zum Beispiel mit einem Korb voll Eiern zum Markt und tauschte die Eier gegen Brot, Wurst, Käse oder andere Produkte ein. Natürlich wurden nicht nur Lebensmittel getauscht, sondern auch kostbare Waren, wie Salz, Muscheln, Stoffe, Vieh und auch Menschen, die dann als Sklaven eingesetzt wurden.

Weil der Tauschhandel irgendwann zu umständlich und zu ungenau wurde, entwickelten die Menschen **Münzen.** Die Münzen waren anfangs meistens aus **Gold** oder **Silber** und damit selbst sehr wertvoll. Später wurden auch andere Metalle verwendet. Die Münzen hatten dann einen **vereinbarten Wert,** der vom Wert des Metalls unabhängig war. Das ist bei den meisten Münzen auch heute noch so. Nachdem eine sehr lange Zeit hauptsächlich mit Münzen bezahlt worden war, verbreitete sich im 18. Jahrhundert in Europa schließlich das **Papiergeld.** Zunächst gab es aber in Deutschland noch keine einheitliche Währung. Erst Ende des 19. Jahrhunderts wurde in **Deutschland** die **Reichsmark** eingeführt. Das waren sowohl Münzen als auch Geldscheine. Im Jahre 1948 wurde die Reichsmark in Westdeutschland von der **DM,** der **Deutschen Mark,** abgelöst. In Ostdeutschland, der damaligen DDR, gab es bis 1990 wiederum eigenes Geld, die **Ostmark.** Vielleicht erinnerst du dich noch an das Geld, das wir früher hatten.

2002 wurde schließlich in Deutschland der **Euro** eingeführt, wie in anderen europäischen Ländern auch. Nun kann man, ohne zuvor Geld umzutauschen, in anderen Ländern Europas bezahlen. Die **Vorderseiten der Euro-Münzen** sind in allen Ländern gleich. Sie zeigen den Wert der Münze, die zwölf Sterne der Europäischen Union, die Europakarte oder die Weltkugel. Die **Münzrückseiten** haben die einzelnen Staaten unterschiedlich gestaltet. Die deutschen Münzen haben auf der Rückseite entweder einen Eichenzweig, das Brandenburger Tor oder den Bundesadler abgebildet. Auf den **Euro-Scheinen** sind Fenster und Portale (Tore) auf der **Vorderseite** zu sehen. Auf der **Rückseite** kannst du Brücken entdecken, welche ein Zeichen dafür sein sollen, dass die Länder Europas miteinander verbunden sind.

Euromünzen: © Jens Müller

★ Rubbele alle verschiedenen deutschen Cent- und Euro-Stücke mit Buntstiften in dein Heft. Denke immer an die Vorder- und Rückseite.

Autorin: Stephanie Cech-Wenning
. Kopfzeile: © M. Siemens; Abb. Fußzeile: © J. Müller
ISBN 978-3-86072-810-9 | www.verlagruhr.de

Millionen Menschen leben hier

Insgesamt leben ungefähr **82 Millionen** Menschen in der Bundesrepublik Deutschland. Die genaue Zahl schwankt ständig, da Menschen sterben, Babys geboren werden sowie Menschen ins Land ein- und aus dem Land auswandern. Dabei gibt es in Deutschland fast gleich viele Männer und Jungen wie Frauen und Mädchen.

Die Bundesrepublik zählt zu den **am dichtesten besiedelten** Staaten Europas. Das bedeutet, dass auf einer relativ kleinen Fläche sehr viele Menschen leben. In Deutschland leben auf einer Fläche von einem Quadratkilometer (km^2) ungefähr 230 Menschen. Auf einer gleich großen Fläche leben in Frankreich nur etwa 110 Menschen und in Spanien sogar nur rund 80 Menschen.

Von den cirka 82 Millionen Einwohnern hier in Deutschland haben etwa 7 Millionen Menschen nicht die deutsche **Nationalität.** Sie sind zum Beispiel Türken, Italiener, Griechen, Polen, Spanier, Bosnier, Kroaten oder Serben. Wenn aus dem Ausland stammende Menschen allerdings schon sehr lange in Deutschland leben, können sie auch die deutsche Nationalität annehmen. Sie bekommen einen deutschen **Pass** und werden deutsche **Staatsbürger.** Sie haben dann zum Beispiel **Wahlrecht** in Deutschland und können sich so an wichtigen Entscheidungen im Land beteiligen.

★ Male dich mit deinen Freunden in die Menschenkette. Schreibe eure Namen dazu.

★ Findet in eurer Klasse heraus, wie viele Kinder ursprünglich nicht aus Deutschland stammen. Wie viele dieser Kinder haben inzwischen die deutsche Nationalität?

ISBN 978-3-86072-810-9 | www.verlagruhr.de

Menschen aus aller Welt in Deutschland

Du lebst zwar in Deutschland, aber bei uns ist nicht alles nur deutsch – genauso wenig wie in Frankreich alles nur französisch ist, in Italien alles nur italienisch und so weiter.

© Verlag an der Ruhr

Schnell werden bei einem Gang durch deinen Wohnort **Fremdsprachen** wie Türkisch, Griechisch oder Polnisch in deinen Ohren erklingen. Geruch von Pizza, die ja ein italienisches Gericht ist, wird dir in die Nase steigen. Menschen, die aus anderen **Ländern** stammen, erkennst du an ihrer Sprache und manchmal an ihrem Aussehen. Vielleicht kommst du an einem mexikanischen Restaurant vorbei, oder zwei Chinesen führen neben dir auf Chinesisch ein Pläuschchen. Und schon hast du Bekanntschaft mit verschiedenen Ländern der **Welt** gemacht – direkt vor deiner Nase hier in Deutschland. Und das alles, ohne weit zu reisen.

★ Gehe mit offenen Augen, offenen Ohren und offener Nase durch deinen Wohnort. Mache dich auf die Suche nach der weiten Welt.

Schreibe auf, was du aus anderen Ländern bei uns entdeckst.

____

____

____

____

____

____

Icons: © Verlag an der Ruhr

★ Wäre ein Leben ohne italienische Spagetti, ohne amerikanische Cola und Jeans, ohne den tollen türkischen Fußballspieler in der Mannschaft oder ohne den in Taiwan hergestellten Gameboy nicht langweilig? Überlege dir, auf was du alles verzichten müsstest, wenn es nichts Ausländisches bei uns gäbe.

© Verlag an der Ruhr

ISBN 978-3-86072-810-9 | www.verlagruhr.de

Bonjour – Good Morning! Eine Sprachen-Scheibe

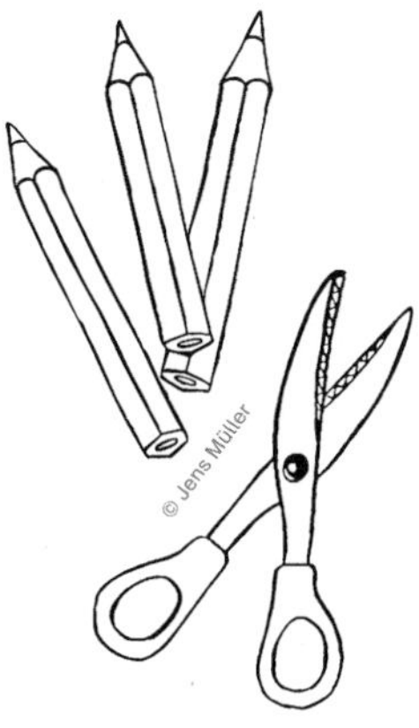

Mit Hilfe dieser Scheibe kannst du einige deutsche Wörter in **fremde Sprachen** übersetzen und plötzlich auf Türkisch oder Englisch Freunde begrüßen. Vielleicht hast du ja auch **ausländische Freunde,** die dir weitere Wörter in ihrer Sprache verraten.

Du brauchst:

vergrößerte Kopie der Sprachen-Scheibe auf festem Karton; Schere; Buntstifte; Filzstift; Musterbeutelklammer; einen spitzen Gegenstand (zum Beispiel eine Prickelnadel)

Bastelanleitung:

1. Male die Scheiben farbig an.
2. Schneide die beiden Scheiben aus.
3. Bohre in die Mittelpunkte der Kreise Löcher.
4. Lege die Scheiben richtig übereinander. Befestige sie mit der Musterbeutelklammer.

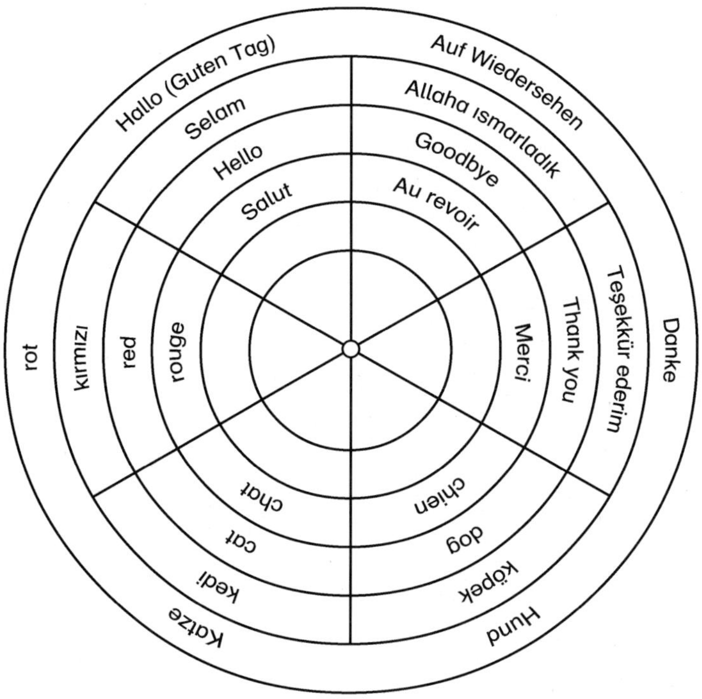

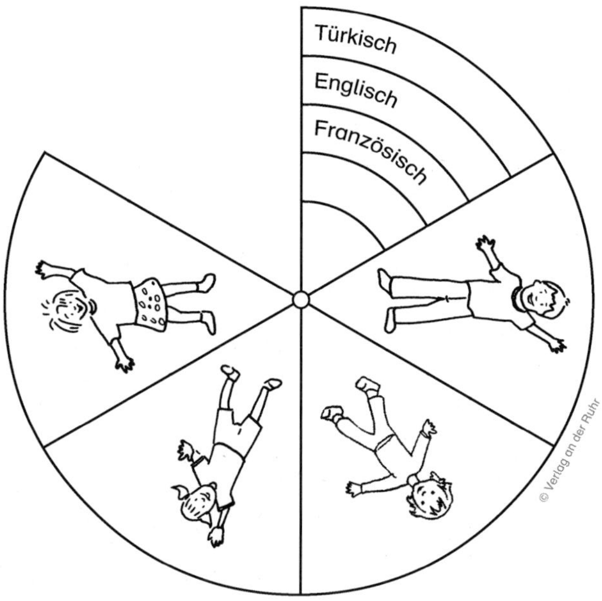

© Verlag an der Ruhr
Autorin: Stephanie Cech-Wenning
. Kopfzeile: © M. Siemens; Abb. Fußzeile: © J. Müller
ISBN 978-3-86072-810-9 | www.verlagruhr.de

Von Feuerwehrmann bis Pilot – Berufe bei uns

In Deutschland gibt es sehr viele verschiedene **Berufe,** die du erlernen kannst. Viele Menschen in Deutschland arbeiten in **Büros** oder **Fabriken.** Andere sind im **Gesundheitsbereich** tätig (zum Beispiel im Krankenhaus) oder arbeiten als **Verkaufspersonal** in Geschäften. **Baufirmen, Verkehrsbetriebe** (zum Beispiel Bus und Bahn) und **landwirtschaftliche Betriebe** geben weiteren Menschen einen Arbeitsplatz.

© Jens Müller

Ähnlich wie in anderen Ländern finden in Deutschland nicht immer alle Menschen eine Arbeit. Von 100 Menschen, die arbeiten gehen möchten, sind etwa neun bis zehn Personen **arbeitslos.** Manchmal schließen Firmen für immer, oder **Maschinen** und **Computer** übernehmen die Arbeit von Menschen. Außerdem kommt es vor, dass Produkte nicht mehr in Deutschland hergestellt werden, sondern nur noch in **anderen Ländern.** Auch hierdurch gehen Arbeitsplätze verloren.

★ Hast du eigentlich schon einen Berufswunsch? Schreibe deinen Berufswunsch hier auf:

Ich möchte ______________________________ werden.

★ Schreibe auf, welche Berufe deine Familienmitglieder oder andere Erwachsene zurzeit ausüben oder einmal gelernt haben. Trage alles in die Tabelle ein.

Person	Beruf	Tätigkeiten in diesem Beruf

★ Welche Berufe kennst du noch? Schreibe sie in dein Heft.

Autorin: Stephanie Cech-Wenning
Kopfzeile: © M. Siemens; Abb. Fußzeile: © J. Müller
ISBN 978-3-86072-810-9 | www.verlagruhr.de

Die neue Uhr

★ Lies dir die Geschichte durch.

© Magnus Siemens

Am Nachmittag treffen sich Frank, Lars, Ole und Lena auf dem Spielplatz. „Schaut mal, meine neue Uhr!“, prahlt Frank, als die drei anderen eintreffen. Lars und Lena staunen: „Toll!“ Ole ruft: „Klasse, so eine kaufe ich mir auch von meinem Geburtstagsgeld.“ „Die kostet aber jede Menge Kohle“, protzt Frank. „Wo hast du die denn her?“, will Ole wissen. Frank erzählt stolz: „Mein Vater hat sie mir geschenkt. Die hat fast 120 Euro gekostet.“ „Du hast sie einfach so bekommen?“, fragt Lars nach. „Klar! Papa lässt immer etwas springen. Zeigt mal eure Uhren!“, fordert Frank seine Freunde auf. Lena und Ole strecken sofort ihre Handgelenke aus. „Na ja, nicht schlecht!“, beurteilt Frank. „Was hast du denn für eine Uhr um?“, will er von Lars wissen. „Ach, ‘ne ganz normale halt“, sagt Lars zögernd und versteckt seine Hände in den Hosentaschen. „Wie, ‘ne ganz normale Uhr? Zeig doch mal!“, hakt Frank nach.

© Magnus Siemens

Lars wird verlegen und behält seine Hände in den Hosentaschen. Frank zupft an Lars’ Arm und zerrt den Pullover hoch, bis er die Uhr sehen kann. „Die Uhr ist ja total verschrammt! Das nennst du ‘ne normale Uhr? Das ist ja das allerletzte Teil!“, ruft Frank verächtlich. „Dein Vater soll dir mal eine anständige Uhr kaufen. Mit so was läuft doch heute keiner mehr rum“, erklärt nun auch Lena mit einem Blick auf Lars’ Uhr. Lars reißt sich aus Franks Griff los und rennt ohne ein Wort weg. „Was hat der denn?“, fragt Frank erstaunt. „Mensch, ihr seid doch zwei Trampel“, brummt Ole sauer. „Wieso?“, fragen Frank und Lena gleichzeitig. „Lars’ Papa ist doch seit drei Monaten arbeitslos“, schnauft Ole und rennt hinter Lars her.

© Verlag an der Ruhr

★ Schreibe deine ersten Gedanken auf, die dir zu der Geschichte einfallen.

★ Lest die Geschichte mit verteilten Rollen.

★ Sprecht in eurer Klasse über die Geschichte.

★ Was weißt du über Arbeitslosigkeit in Deutschland? Tausche dich mit anderen darüber aus.

Autorin: Stephanie Cech-Wenning
Kopfzeile: © M. Siemens; Abb. Fußzeile: © J. Müller
ISBN 978-3-86072-810-9 | www.verlagruhr.de

Deutsche Großstädte

Eine Stadt ist eine **Großstadt,** wenn sie mehr als 100.000 Einwohner hat. Städte mit mehr als einer Million Einwohnern werden auch als **Millionenstädte** bezeichnet. Wenn du dir eine Deutschlandkarte genauer ansiehst, wirst du viele große Städte erkennen. Meist sind große Städte als rote Punkte oder Flecken auf der Karte gekennzeichnet. Kleinere Städte sind als schwarze oder weiße Punkte markiert.

- ★ Male die verschiedenen Städtepunkte deiner Landkarte in dein Heft. Schreibe die Bedeutung der Punkte dahinter.
- ★ In der Tabelle sind die zehn deutschen Städte mit den meisten Einwohnern aufgeführt. Die Städte sind von Norden nach Süden geordnet.

© Magnus Siemens

Stadt	Einwohnerzahl
Hamburg	ca. 1.831.000
Berlin	ca. 3.613.000
Dortmund	ca. 587.000
Essen	ca. 583.000
Leipzig	ca. 582.000
Düsseldorf	ca. 617.000
Köln	ca. 1.080.000
Frankfurt am Main	ca. 747.000
Stuttgart	ca. 633.000
München	ca. 1.456.000

Alle Angaben nach den statistischen Ämtern des Bundes und der Länder (Destatis), 2018

- ★ Suche die Städte aus der Tabelle auf der Landkarte.
- ★ Überlege mit einem Partner oder in einer kleinen Gruppe, warum die Einwohnerzahlen nur ungefähre Zahlen sind (ca. = cirka).
- ★ Ordne die zehn Städte in deinem Heft nach ihrer Einwohnerzahl. Beginne dabei mit der Stadt, in der die meisten Menschen leben.
- ★ Wie viele Einwohner hat dein Wohnort? Finde es heraus. Ist dein Wohnort eine Großstadt?

ISBN 978-3-86072-810-9 | www.verlagruhr.de

Die Hauptstadt Berlin

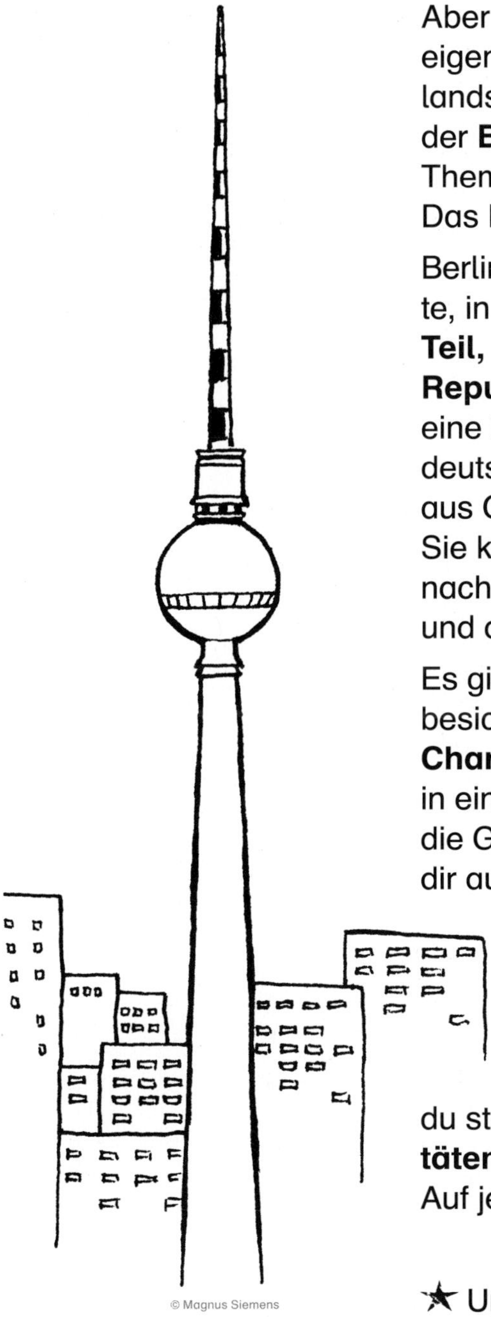
© Magnus Siemens

Berlin ist die **Hauptstadt** der Bundesrepublik Deutschland. Es ist eine riesige Stadt mit fast **3,6 Millionen Einwohnern.** Aber Berlin ist nicht nur eine Millionenstadt, sondern auch ein eigenes deutsches **Bundesland.** Der **Regierungssitz** Deutschlands befindet sich in Berlin. Dort tagt im Reichstagsgebäude der **Bundestag,** in dem die verantwortlichen Politiker aktuelle Themen diskutieren und wichtige Entscheidungen treffen. Das Land wird also von Berlin aus regiert und verwaltet.

Berlin war nach dem **2. Weltkrieg,** der von 1939 bis 1945 dauerte, in **zwei Teile** geteilt: in einen **west-** und einen **ost-deutschen Teil,** welcher zur damaligen **Deutschen Demokratischen Republik (DDR)** gehört hat. Von 1961 bis 1989/1990 trennte eine Mauer die Stadt, die **Berliner Mauer.** Sie war von der westdeutschen Seite bunt angemalt und besprüht. Die Menschen aus Ostdeutschland durften sich der Mauer nicht nähern. Sie konnten erschossen werden, wenn sie versuchten, von Ost- nach Westberlin zu flüchten. Heute ist Berlin wieder vereint und die Mauer abgerissen.

Es gibt viele **Sehenswürdigkeiten,** die man in der Hauptstadt besichtigen kann. Du kannst dich im wunderschönen **Schloss Charlottenburg** wie ein König oder eine Königin fühlen oder dir in einem der etwa 170 **Museen** Interessantes ansehen. Du hast die Gelegenheit, durchs **Brandenburger Tor** zu schlendern oder dir auf dem **Alexanderplatz** die **Weltzeituhr** anzuschauen. Wenn du schwindelfrei bist, kannst du den **Fernsehturm** hoch fahren und Berlin aus der Luft bestaunen. Besonders toll sind auch die beiden großen **Zoos** in Berlin. Auch wenn du dich nur auf den **Kurfürstendamm,** die Einkaufs- und Bummelzone der Stadt, setzt und ein Eis schleckst, wirst du staunen. In Berlin begegnen dir Menschen aller **Nationalitäten.** Manche wohnen in der Stadt, manche sind Touristen. Auf jeden Fall ist Berlin eine Reise wert!

★ Unterstreiche im Text die Sehenswürdigkeiten Berlins.

★ Schaue dir Reiseprospekte von Berlin an. Suche Fotos von den im Text genannten Sehenswürdigkeiten.

★ Kennst du das Spiel „Teekesselchen“? Das Wort „Berliner“ passt dazu. Zum einen ist ein Berliner jemand, der in Berlin wohnt. Zum anderen nennt man runde Kuchenballen mit Marmeladenfüllung „Berliner“. Spielt eine Runde „Teekesselchen“.

ISBN 978-3-86072-810-9 | www.verlagruhr.de

Das Brandenburger Tor in Berlin

Das **Brandenburger Tor** in Berlin wurde von 1788 bis 1791 von **C. G. Langhans** erbaut. Es ist 20 m hoch und 65 m breit. Auf dem Tor befindet sich ein **Wagen** auf zwei Rädern, der von vier **Pferden** gezogen und **Quadriga** genannt wird. Die **Siegesgöttin Viktoria,** eine Frauenfigur, steht auf dem Wagen.
Das Brandenburger Tor sollte einen prunkvollen **Zugang** zur Stadt Berlin, der bedeutendsten Stadt des damaligen preußischen Königreiches, bilden. Deshalb hat der Architekt das Tor so ähnlich gestaltet wie den Eingang der berühmten **Akropolis** in Athen. Zugleich ist das Tor auch ein **Denkmal** für den wenige Jahre vor der Erbauung verstorbenen **König Friedrich II.**

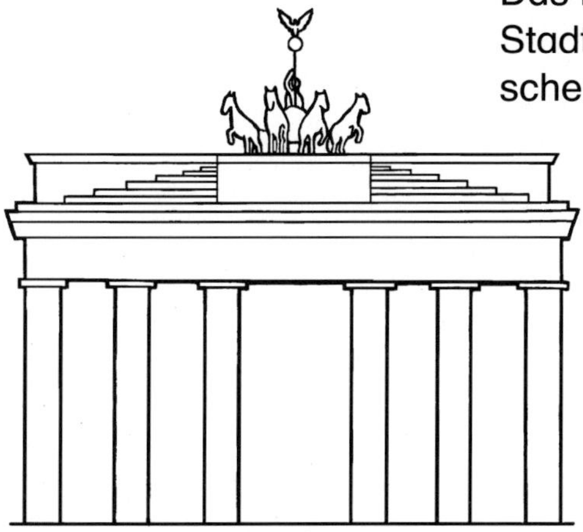

© Magnus Siemens

Nach dem Ende des **2. Weltkrieges** wurde Deutschland in **zwei Teile** geteilt: in die **Bundesrepublik Deutschland** (**BRD**) im Westen und in die **Deutsche Demokratische Republik** (**DDR**) im Osten des Landes. Auch die Stadt **Berlin** wurde geteilt. Damit die Menschen nicht von Ostberlin nach Westberlin gehen konnten, wurde **1961** eine **Mauer** erbaut. Da die Berliner Mauer direkt am Brandenburger Tor entlangführte, war es von da an gesperrt. Erst **1989** wurde das Tor wieder geöffnet. Ost- und Westdeutschland waren nach jahrelanger Trennung wieder vereint worden.

Im Jahre **1990** fand am Brandenburger Tor eine große **Wiedervereinigungsfeier** statt. Seitdem ist das Tor ein **Symbol** der deutschen Wiedervereinigung.

★ Bastele dir ein eigenes Brandenburger Tor. Stelle es in der Schule oder zu Hause aus. Erkläre den anderen, warum es ein Symbol der deutschen Wiedervereinigung ist.

Du brauchst:

Bastelvorlage (Seite 38), auf festeres Papier kopiert; Buntstifte; graue Pappe, ca. DIN A4; Schere; Cuttermesser; Klebstoff

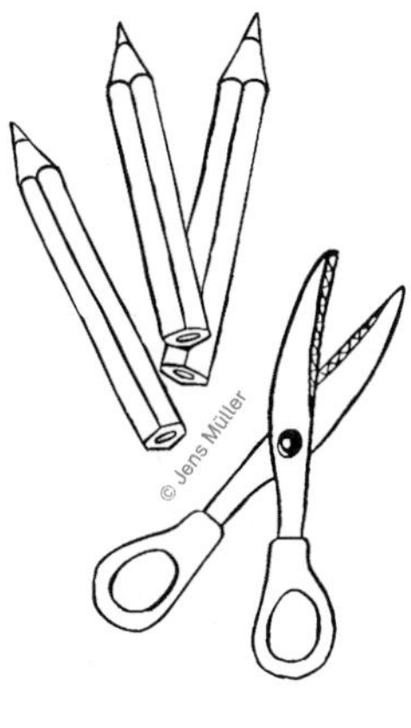

© Jens Müller

Bastelanleitung:

1. Male alle Teile der Bastelvorlage an.
2. Schneide alle Teile mit der Schere sowie die schraffierten Innenteile mit dem Cuttermesser aus.
3. Knicke die Klebeflächen nach hinten um, und klebe sie auf die graue Pappe.

Autorin: Stephanie Cech-Wenning

ISBN 978-3-86072-810-9 | www.verlagruhr.de

Städte

Bastelmodell Brandenburger Tor

Da das Brandenburger Tor sehr groß ist, müssten die Fußgänger und das Auto auf dem Bastelmodell eigentlich noch kleiner sein. Dann könntet ihr aber auf den Bildern nichts mehr erkennen.

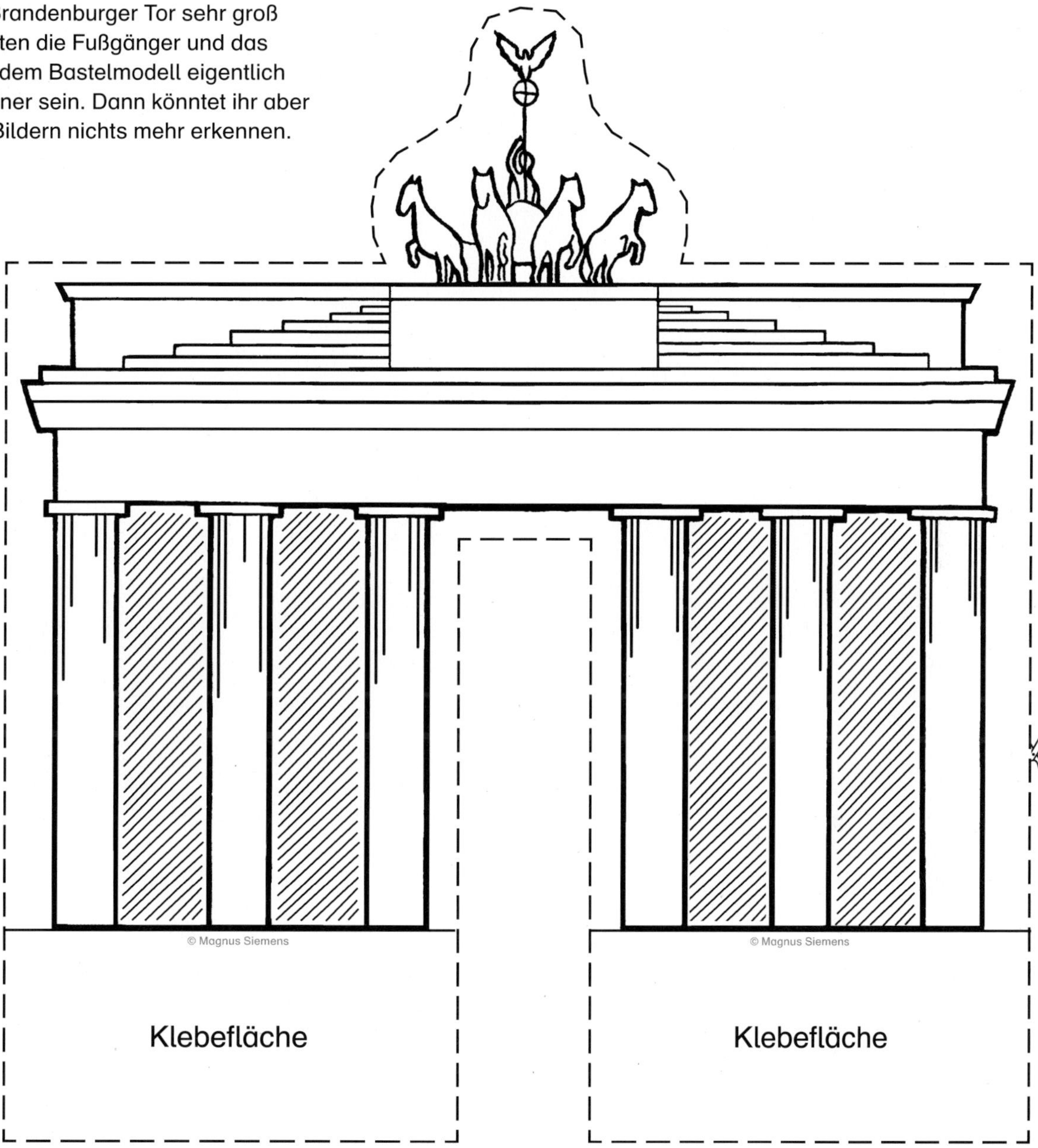

ISBN 978-3-86072-810-9 | **www.verlagruhr.de**

Berlinfahrt gewonnen!

© Jens Müller

Stelle dir vor, deine Klasse hat an einem **Preisausschreiben** teilgenommen und wunderbarerweise den 1. Preis gewonnen. Euer Gewinn ist eine 6-tägige Reise für die ganze Klasse nach **Berlin** – in die **Hauptstadt** Deutschlands!

★ Bevor ihr abreist, wollt ihr euch ein wenig über eure Reise informieren und greift zu einer Landkarte. Schreibe deine Rechnungen und Antworten in dein Heft. Los geht es!

1. Welche Bundesländer durchquert ihr auf eurer Reise von eurem Wohnort bis nach Berlin?

2. An welchen größeren Städten kommt ihr auf eurer Fahrt vorbei? Schreibe fünf Städtenamen heraus.

3. Miss auf der Landkarte mit deinem Lineal die Strecke von deinem Wohnort bis nach Berlin ab.

Wieviele Kilometer wären das in der Wirklichkeit? Schaue dir den Maßstab der Karte an. Rechne die Entfernung aus. Eventuell kann dir ein Erwachsener dabei helfen.

4. Wie teuer wäre eure Reise wohl, wenn ihr sie nicht gewonnen hättet? Rechne nach. Benutze dafür folgende Zahlen:

pro Übernachtung in Berlin: 19 € pro Person
Hinweis: Bei einer 6-tägigen Reise habt ihr fünf Übernachtungen.

Stadtrundfahrt, Eintritte: 25 € pro Person

a) Wie viel Euro müsste jeder von euch für die Übernachtungen bezahlen?

b) Wie viel Euro kosten Stadtrundfahrt und Eintritte für euch alle zusammen?

c) Erfinde weitere Fragen, und beantworte sie.

Tipp: Vielleicht bekommt ihr bei einem Busunternehmen in eurem Wohnort heraus, wie teuer eine Busfahrt nach Berlin ist. Dann könnt ihr noch ein wenig weiterrechnen.

© Verlag an der Ruhr

Autorin: Stephanie Cech-Wenning
eile: © Verlag an der Ruhr; Abb. Fußzeile: © J. Müller
ISBN 978-3-86072-810-9 | www.verlagruhr.de

Sehenswürdigkeiten großer Städte

Hamburg ist Deutschlands zweitgrößte Stadt. Mehr als **1,8 Millionen** Menschen wohnen dort. In Hamburg gibt es den größten deutschen **Seehafen.** Die Schiffe kommen von der **Nordsee** und fahren auf der **Elbe** bis nach Hamburg. Rund um den Hafen haben sich viele **Industriebetriebe** angesiedelt.

© Magnus Siemens

© Magnus Siemens

Die Stadt **Köln** liegt am **Rhein** und hat ungefähr **eine Million** Einwohner. Das Wahrzeichen der Stadt ist der **Kölner Dom** mit seinen 157 m hohen Türmen. In Köln finden vor der Fastenzeit so viele Karnevalsveranstaltungen statt, dass es aussieht, als würden alle Kölner feiern. Mit „Kölle alaaf" grüßen sich die Narren auf dem **Rosenmontagszug.**

In **München** haben über **1,4 Millionen** Menschen ihr Zuhause. Besonders bekannt ist in München das **Olympiastadion.** Dieses Sportstadion wurde für die **Olympischen Spiele** gebaut, die im Jahr 1972 in Deutschland stattfanden. Außerdem wird seit 1810 in München Ende September/Anfang Oktober das größte Volksfest der Welt gefeiert: das **Oktoberfest.**

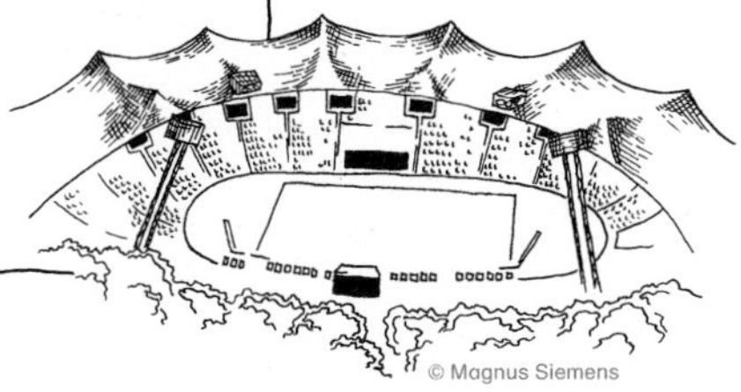

© Magnus Siemens

- ★ Schaue nach, in welchen Bundesländern die drei Großstädte liegen.
- ★ Wie weit ist es von einer Stadt zur anderen? Miss mit deinem Lineal auf der Landkarte die einzelnen Strecken ab (Hamburg – Köln, Köln – München, München – Hamburg). Rechne dann aus, wie viele Kilometer es in der Wirklichkeit sind. Lasse dir dabei eventuell von einem Erwachsenen helfen.
- ★ Male ein Bild von einer der drei Städte (zum Beispiel den Hamburger Hafen, den Kölner Karneval oder ein Sportfest im Münchener Olympiastadion).

ISBN 978-3-86072-810-9 | www.verlagruhr.de

Mein Wohnort – ein Steckbrief

- Der Ort, in dem ich wohne, liegt in **Deutschland.** So heißt er: ____________________
- Er liegt im **Bundesland** ____________________
- Folgende **Bundesländer** sind direkte Nachbarn: ____________________
- Deutschlands **Nachbarstaat** ____________________ liegt meinem Heimatort am nächsten.
- In meinem Wohnort leben ungefähr ____________________ **Menschen.**
- So heißen die **großen Städte** in der Nähe meines Wohnorts: ____________________
- Diese **Flüsse** fließen durch meinen Heimatort oder daran vorbei: ____________________
- Dieses **Gebirge** liegt am nächsten: ____________________
- So sehen die **Autokennzeichen** hier aus: ____________________
- Sie stehen für ____________________
- Diesen **Dialekt** sprechen einige Menschen in meinem Wohnort: ____________________
- Folgende **Sehenswürdigkeiten** gibt es hier: ____________________
- Ich finde an meinem Wohnort **gut**: ____________________
- Ich finde an meinem Wohnort **nicht so gut**: ____________________

★ Schreibe einen Steckbrief für den Ort, an dem du wohnst.

★ Male anschließend ein Bild von deinem Wohnort.

ISBN 978-3-86072-810-9 | www.verlagruhr.de

Städtebilderrätsel

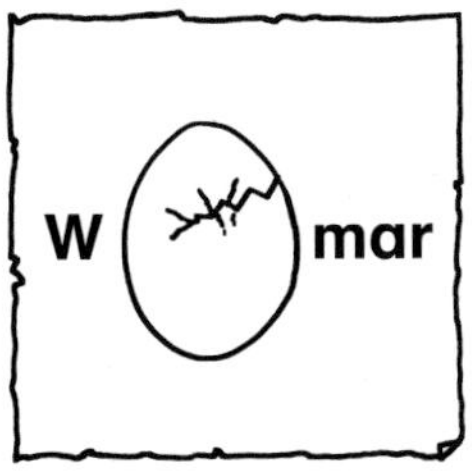

____

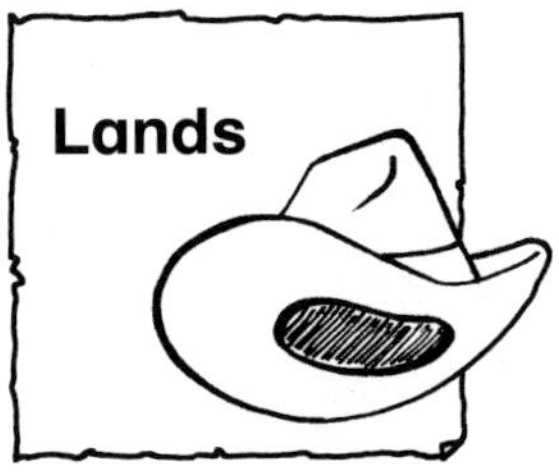

____

____

____

____

____

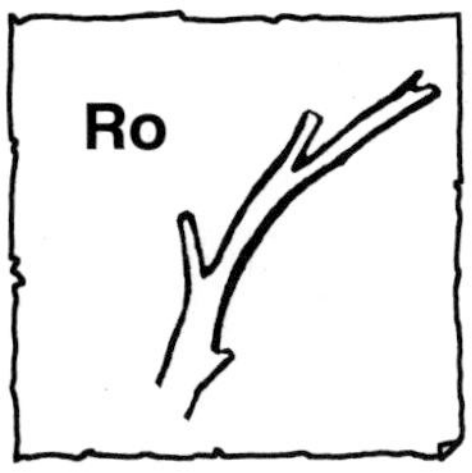

____

____

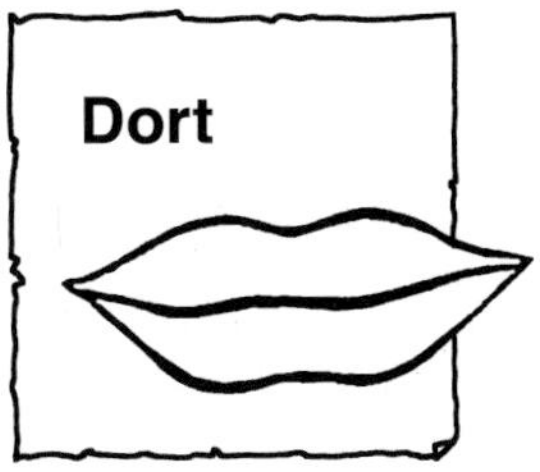

____

★ Hier haben sich acht deutsche Städtenamen versteckt. Findest du heraus, welche es sind? Löse die Rätsel. Schreibe die Städtenamen darunter.

★ Suche die Städte auf der Landkarte.

★ Suche dir drei andere deutsche Städte heraus. Erfinde dazu Städtebilderrätsel für deine Klassenkameraden. Schreibe die Rätsel auf ein Blatt Papier.

Autorin: Stephanie Cech-Wenning
zeile: © Verlag an der Ruhr; alle anderen: © J. Müller
ISBN 978-3-86072-810-9 | www.verlagruhr.de

Ausflugsziele in Deutschland

Jedes Jahr machen **Millionen Menschen** in Deutschland **Urlaub** und sehen sich das Land genauer an. In Deutschland kann man viele interessante Orte besichtigen und schöne Urlaube verbringen. Wenn du die Texte zu den **Großstädten** (Seite 40) schon gelesen hast, hast du bereits etwas über einige interessante **Sehenswürdigkeiten** in Deutschland erfahren.
Auf dieser Seite findest du weitere **Ausflugsziele,** die einen Besuch wert sind.

Schloss Neuschwanstein:	Schreibe ein Märchen, das auf dem wunderschönen Schloss spielt.
Fehmarnsundbrücke:	Bastele die Brücke nach. Dazu kannst du Papier, Strohhalme, Hölzer oder Draht verwenden.
Karl-May-Festspiele: (in Bad Segeberg)	Male einen Indianer oder einen Cowboy. Denke dir ein Indianer- oder Cowboy-Spiel für die Pause aus.
Der Nürburgring:	Male dich in einem Rennauto. Oder bastele dir aus Pappe, Papier und anderen Materialien einen Rennwagen.
Wildpferde in Dülmen:	Bastele dir ein Pferd. Dazu kannst du Knete, Pappmachee oder Salzteig verwenden.
Triberger Wasserfall:	Baue dir im Sandkasten einen Wasserfall.
Wuppertaler Schwebebahn:	Stelle eine kleine Schwebebahn her. An Wollfäden kannst du zum Beispiel einen Papierwagon oder einen Pappbecher entlanggleiten lassen.

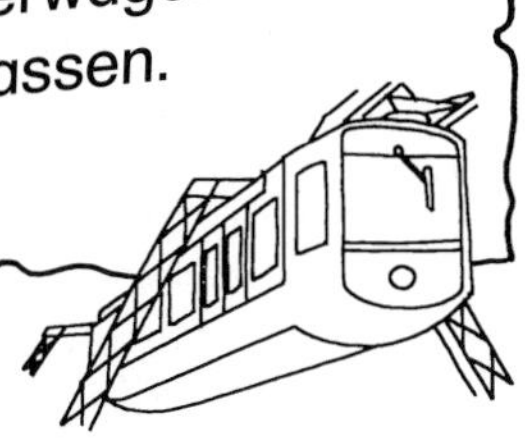

- ★ Suche dir ein Ziel aus, das du gerne einmal besuchen möchtest. Informiere dich darüber in Reiseprospekten, in Büchern über Deutschland oder auch im Internet.
- ★ Schaue auf der Landkarte nach, wo dein Ziel liegt.
- ★ Bastele, male, oder schreibe etwas zu deiner Lieblingssehenswürdigkeit. Die Tipps helfen dir dabei.
- ★ Finde weitere Ausflugsziele in Deutschland heraus. Frage auch deine Familie.
- ★ Welche Sehenswürdigkeiten gibt es in der Umgebung deines Wohnorts? Schreibe sie auf.

ISBN 978-3-86072-810-9 | www.verlagruhr.de

Die fünf längsten Flüsse in Deutschland – Karte

★ Lies dir den Text „Die fünf längsten Flüsse in Deutschland" (Seite 45) durch. Beschrifte die Flüsse auf der Karte. Male sie blau an, damit du sie genau erkennst.

★ Zeichne die Fließrichtung der Flüsse von der Quelle (Anfang des Flusses) bis zur Mündung (Flussende) mit Hilfe von Pfeilen ein. Quelle und Mündung selbst sind aber auf der Karte nicht immer zu sehen.

★ Wähle einen Fluss aus. Schreibe auf, durch welche Bundesländer er fließt.

★ Nimm dir eine Europakarte. Verfolge darauf den weiten Weg der Donau. Schreibe die Länder, durch die die Donau fließt, in der richtigen Reihenfolge auf.

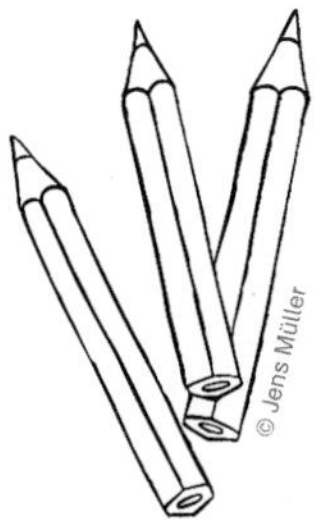

ISBN 978-3-86072-810-9 | www.verlagruhr.de

Die fünf längsten Flüsse in Deutschland – Info

Der **Rhein** ist der längste Fluss in Deutschland. Seine beiden wichtigsten Quellflüsse heißen Vorder- und Hinterrhein und liegen in der **Schweiz.** In Deutschland verläuft der Rhein von der Schweizer Grenze im Süden bis zur **niederländischen Grenze** im Nordwesten. In den Niederlanden fließt er schließlich in die **Nordsee.** Insgesamt ist er 1.320 km lang, aber nur etwa 865 km liegen davon in Deutschland. Der Rhein ist eine wichtige internationale **Schifffahrtsstraße.** Auf ihm werden Waren, wie Baustoffe, Öle, Nahrungs- und Futtermittel, transportiert.

Der **Main** ist ein Nebenfluss des Rheins. Er mündet bei der Stadt **Mainz** in den **Rhein.** Zwei Flüsse, **Roter** und **Weißer Main,** fließen zusammen und bilden den 524 km langen Fluss.

Auch die **Elbe** ist eine wichtige **Wasserstraße.** Sie entspringt im **Riesengebirge,** welches in **Tschechien** liegt. 700 km der 1.165 km langen Elbe befinden sich in Deutschland. Die Elbe fließt durch **Hamburg** und mündet bei der Stadt **Cuxhaven** in die **Nordsee.**

Die **Donau** ist der zweitlängste Strom Europas. Sie ist insgesamt 2.858 km lang, jedoch nur 647 km davon liegen in Deutschland. Die Donau entspringt aus den beiden **Quellflüssen Brigach** und **Breg** im **Schwarzwald.** Sie durchquert mehrere Länder und mündet schließlich ins **Schwarze Meer.** Auf diesem langen Wasserweg werden viele Waren durch Europa transportiert.

Die **Weser** entsteht aus zwei Flüssen, **Fulda** und **Werra,** die zusammenfließen. Nordwestlich von Bremen, bei der Stadt **Bremerhaven,** mündet die Weser in die **Nordsee.** Der Fluss durchfließt Deutschland auf einer Länge von 440 km.

★ Vergleiche die Länge der hier genannten Flüsse.
Zeichne dafür mit dem Lineal Linien im Maßstab 100 km = 1 cm.

Wozu sind die Flüsse da?

Unsere **Flüsse** sind wichtig als **Wasserstraßen,** auf denen mit Schiffen Waren von einem Ort zum anderen transportiert werden können. Die Bilder auf dieser Seite zeigen dir weitere **Nutzungsmöglichkeiten** der Flüsse und Seen in Deutschland.

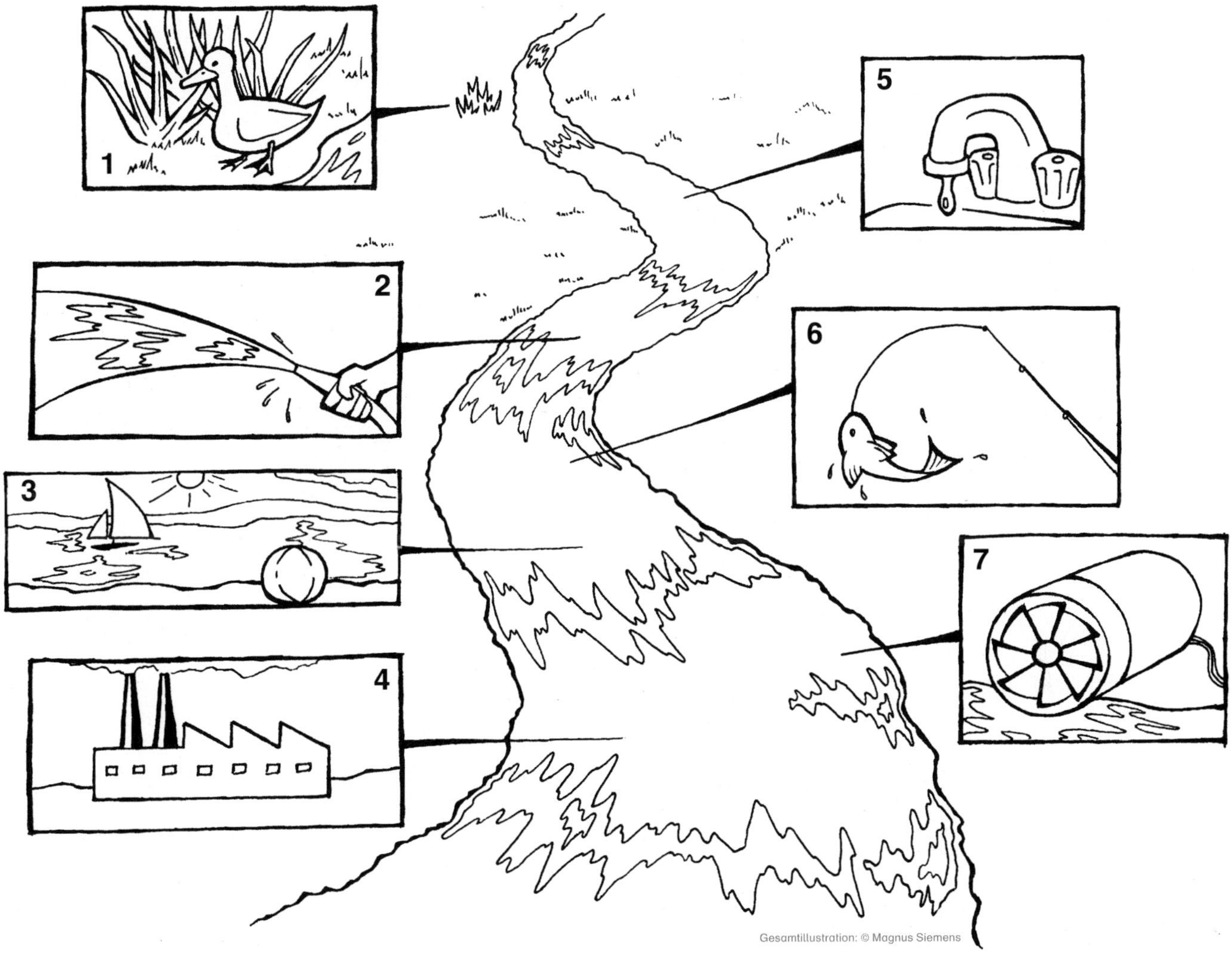

Gesamtillustration: © Magnus Siemens

★ Schaue dir die kleinen Zeichnungen genau an. Schreibe die Zahlen der Zeichnungen zu den passenden Beschreibungen.

- ☐ Bewässerung der Felder
- ☐ Erholungsgebiet
- ☐ Nahrung durch Fischfang
- ☐ Lebensraum für Tiere und Pflanzen
- ☐ Energiegewinnung
- ☐ Nutzung in der Industrie
- ☐ Wasserversorgung im Haus

Autorin: Stephanie Cech-Wenning

ISBN 978-3-86072-810-9 | www.verlagruhr.de

Pack die Badehose ein – Seen in Deutschland

Der größte See in Deutschland ist der **Bodensee.** Er ist über 571 km² groß und liegt im Süden des Landes. Der zweitgrößte See ist im Nordosten die **Müritz.** Sie ist jedoch viel kleiner, nur etwa 110 km² groß, und würde daher mehr als fünfmal in den Bodensee hineinpassen. Viele Seen werden zum Baden, Segeln, Surfen, Angeln und für andere **Aktivitäten** genutzt.

Hättest du jetzt Lust auf ein kühles Bad, anstatt in der Schule zu schwitzen? Als kleine Auflockerung findest du hier ein **Rätsel.** Aber passe auf, dass dir dabei nicht zu heiß wird!

Im Rätsel haben sich die zehn nächstgrößten Seen Deutschlands versteckt. Es sind:

- **Chiemsee** (ca. 80 km²)
- **Schweriner See** (ca. 61 km²)
- **Starnberger See** (ca. 56 km²)
- **Ammersee** (ca. 47 km²)
- **Plauer See** (ca. 38 km²)
- **Kummerower See** (ca. 32 km²)
- **Steinhuder Meer** (ca. 29 km²)
- **Großer Plöner See** (ca. 29 km²)
- **Schaalsee** (ca. 23 km²)
- **Selenter See** (ca. 22 km²)

E	E	S	R	E	N	E	O	L	P	R	E	S	S	O	R	G
T	B	K	U	M	M	E	R	O	W	E	R	S	E	E	E	B
W	A	S	S	E	R	B	A	L	L	I	L	T	M	P	E	A
X	D	S	A	E	S	O	H	E	D	A	B	E	X	B	S	M
Y	E	E	U	H	G	M	E	E	S	M	E	I	H	C	R	Z
B	A	L	E	W	B	U	E	R	S	T	E	N	E	H	E	M
E	N	E	E	S	R	E	N	I	R	E	W	H	C	S	G	O
E	Z	N	S	Q	W	E	H	A	N	D	T	U	C	H	R	L
S	U	T	R	H	I	U	K	J	H	C	T	D	R	W	E	S
L	G	E	E	K	N	K	N	E	K	A	L	E	D	A	B	K
A	R	R	U	L	I	A	D	D	W	R	Q	R	K	U	N	X
A	D	S	A	M	K	D	K	A	S	D	F	M	G	H	R	U
H	F	E	L	M	I	S	O	E	E	S	R	E	M	M	A	B
C	X	E	P	I	B	N	A	W	K	R	J	E	P	L	T	W
S	O	N	N	E	N	K	R	E	M	E	T	R	F	V	S	K

Hinweis: Die Wörter können waagerecht (▸ oder ◂) und auch senkrecht (▴ oder ▾) geschrieben sein. (ö = oe, ü = ue, ß = ss)

★ Zudem haben sich acht Dinge für ein erfrischendes Bad im See in den Kasten eingeschmuggelt. Kannst du sie finden?

★ Suche die im Rätsel versteckten Seen auf einer Landkarte.

★ Welche Seen gibt es in eurer Umgebung? Wie werden sie genutzt?

ISBN 978-3-86072-810-9 | www.verlagruhr.de

Nord- und Ostsee

baden **Schiffe** **Nordwesten** **Gezeiten** **Küstenlandschaft** **Abfälle** **Nordosten** **Flut** **Ebbe** **Urlaub** **Wasser** **salzig**

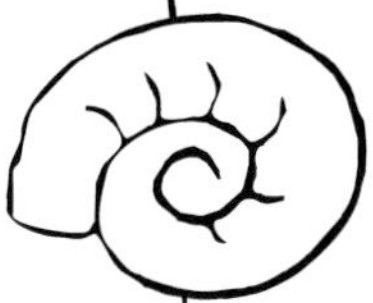

Die **Nordsee** grenzt im ______________________ und die **Ostsee** im ______________________ an Deutschland. Auf diesen beiden riesigen Gewässern fahren viele ______________. Sie haben die unterschiedlichsten **Waren** geladen und steuern Ziele auf der ganzen Welt an. An den Nordseestränden kann man **Ebbe** und **Flut** beobachten. Diese ______________________ entstehen dadurch, dass der Mond und die Erde sich gegenseitig anziehen. Bei ______________ wird das Wasser von der Küste weggezogen. Bei ______________ kommt es wieder zurück. An der Ostsee sind Ebbe und Flut weniger stark ausgeprägt als an der Nordsee. Daher hat man an einem **Strand** der **Ostsee** immer genügend ______________, um darin zu ______________. Das **Wasser** in der Nord- und der Ostsee schmeckt ______________.

Leider kommt es vor, dass ______________________ in die beiden Gewässer geleitet werden. Aus diesem Grund ist das Wasser nicht immer ganz sauber. Trotzdem verbringen viele Menschen gerne ihren ______________________ an der Nord- und der Ostsee. Die schöne ______________________ lädt zu **Spaziergängen** und **Ausflügen** ein.

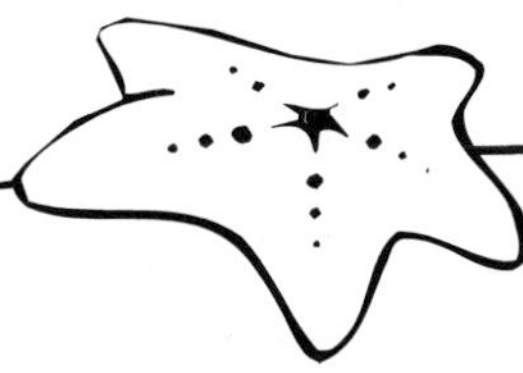

★ Lies dir den Text durch.
Schreibe die fehlenden Wörter in die Lücken.

© Verlag an der Ruhr
Autorin: Stephanie Cech-Wenning
zeile: © Verlag an der Ruhr; Abb. Fußzeile: © J. Müller
ISBN 978-3-86072-810-9 | www.verlagruhr.de

Mit dem Schiff durch Deutschland

Stelle dir vor, du wärst ein **Kapitän.** Du hättest ein schönes Schiff mit Schlafkajüte, ausreichend Treibstoff, genügend Proviant an Bord, außerdem tolles Wetter und sehr lange Ferien.

Du lädst deinen besten Freund oder deine beste Freundin ein, mit dir eine **Schiffsreise** auf **Deutschlands Flüssen** zu unternehmen.

Kapitän: ______________________________

Schiffsbegleiter: ______________________________

____

____

____

Reiseroute: ______________________________

____

____

____

____

____

____

★ Sucht euch auf einer Landkarte eure Reiseroute aus. Ihr dürft dabei, so oft ihr wollt, von einem Fluss, Kanal oder See in den nächsten fahren. Schreibt die Reiseroute auf, also die Namen der Flüsse, Kanäle und Seen sowie eventuell der Städte, bei denen ihr von einem Gewässer ins nächste schippert. Beginnen könnt ihr eure Reise überall in Deutschland. Welche Gewässer könnt ihr befahren, damit eure Reise nicht so schnell endet? Ahoi!

★ Messt eure Reiseroute möglichst genau mit dem Lineal nach.

Auf der Karte sind es ungefähr __________ cm.
In Wirklichkeit wären es ungefähr __________ km.

★ Vergleicht eure Route mit den Routen eurer Mitschüler.

ISBN 978-3-86072-810-9 | www.verlagruhr.de

Rauf und runter in unserem Land

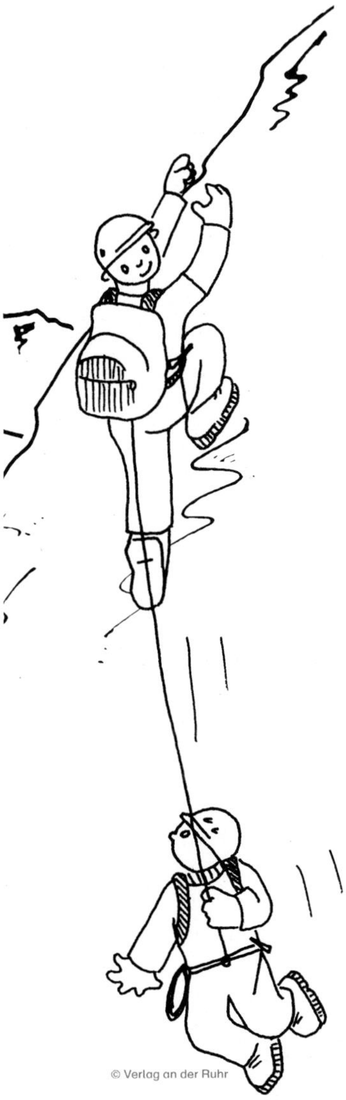

Wenn du mit dem **Fahrrad** durch Deutschland radelst, stößt du auf einige **Gebirge,** die dich ganz schön ins Schwitzen bringen. Der **Norden** Deutschlands ist eher flach und fahrradfreundlich. Hier gibt es keine hohen Berge, sondern nur kleinere Erhebungen.

In der **Mitte** Deutschlands triffst du auf einige **Mittelgebirge,** die eine Höhe von ungefähr 700 bis 1.500 m erreichen.
Der **Schwarzwald** ist das Mittelgebirge mit der höchsten Erhebung, dem 1.493 m hohen **Feldberg.** Der Schwarzwald hat seinen Namen daher, dass in den dortigen Wäldern überwiegend fast schwarz wirkende Fichten und Tannen wachsen, die wenig Licht durchlassen. Im Mittelgebirge **Bayerischer Wald** hat der höchste Berg eine Höhe von 1.456 m. Er wird **Großer Arber** genannt. Kannst du dir denken, woher der Bayerische Wald seinen Namen hat? Ein weiteres Mittelgebirge ist das **Erzgebirge,** in dem früher **Eisenerz** gewonnen wurde. Der höchste Berg dieses deutschen Gebirges, der **Fichtelberg,** ist 1.215 m hoch.

Im **Süden** von Deutschland liegen die **Alpen.** Die Bergspitzen erreichen hier eine Höhe um die 2.000 m. Der höchste Berg, die **Zugspitze,** liegt in den Alpen und ist 2.962 m hoch.

★ Unterstreiche die im Text genannten Gebirge und Berge.

★ Schaue auf einer Landkarte nach, wo diese Gebirge liegen.

★ Die Skizze zeigt dir noch einmal ungefähr, wie hoch die vier genannten Berge sind. Schreibe die fehlenden Namen und Höhen auf die Linien.

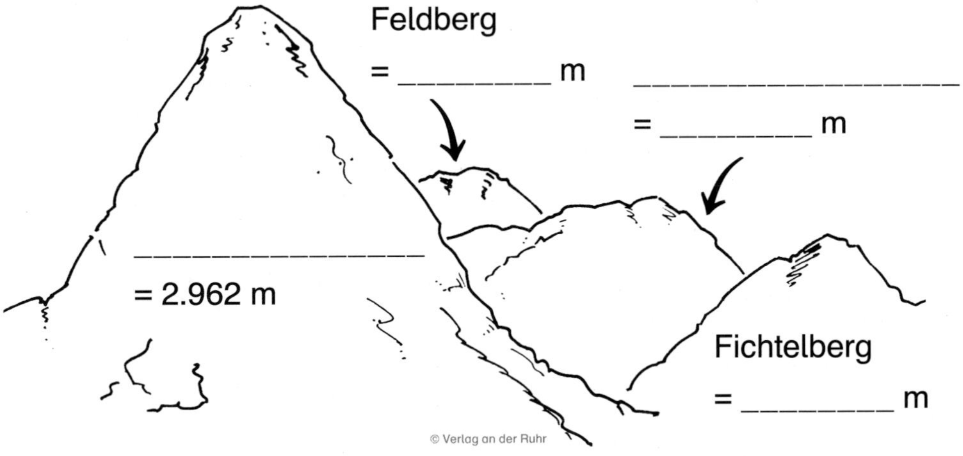

★ Natürlich gibt es in Deutschland noch weitere Gebirge und Berge. Welche kennst du? Schaue auch auf einer Landkarte nach. Schreibe die Namen auf.

Autorin: Stephanie Cech-Wenning

ISBN 978-3-86072-810-9 | www.verlagruhr.de

Einheimische Tiere

Dass es bei uns in Deutschland keine wild lebenden Löwen gibt, weiß doch jeder. Aber weißt du, welche Tiere dir bei uns in Deutschland tatsächlich auf **Wiesen,** in **Wäldern** und auch in der **Stadt** begegnen können?

schFu

nnizeeuKrps

scheeeeignnWckbr

aufPeaunge

Mkärieerfan

amaseeildW

★ Auf den Bildern siehst du einige einheimische Tiere. Leider sind bei den Tiernamen die Buchstaben etwas durcheinandergeraten.

★ Schreibe die Tiernamen auf. Male die Tiere dann in den richtigen Farben an.

hDsca	
Bindchchslliee	
wuaulMrf	
mFdeerlaus	

mselA	
lleoreF	
weinWldihcs	
uRgeenrmw	

★ Hier findest du noch weitere einheimische Tiere als Rätsel. Schreibe die Namen richtig auf.

★ Suche dir ein Tier aus. Schreibe dazu einen Steckbrief (siehe Seite 52). Nimm ein Tierbuch oder das Internet zu Hilfe.

Autorin: Stephanie Cech-Wenning
opfzeile: © D. Wolters; alle anderen Illustr.: © J. Müller
ISBN 978-3-86072-810-9 | www.verlagruhr.de

Tiersteckbrief

Bild des Tieres

Tiername: ______________________________

Größe: ______________________________

Aussehen: *(z.B. Anzahl der Beine, Körperfarbe, Flügel, Maul oder Schnabel, Fell, Schuppen ...)*

____

____

____

Geräusche/Laute: ______________________________

Lebensraum: ______________________________

____

Nahrung: ______________________________

____

Lebensdauer: ______________________________

Das Tier kann: ______________________________

____

Besonderheiten: *(z.B. das Tier macht Winterschlaf, lebt in Rudeln, zieht im Winter in den Süden ...)*

____

____

Ich habe dieses Tier ausgewählt, weil ______________________________

____

ISBN 978-3-86072-810-9 | www.verlagruhr.de

Einheimische Pflanzen

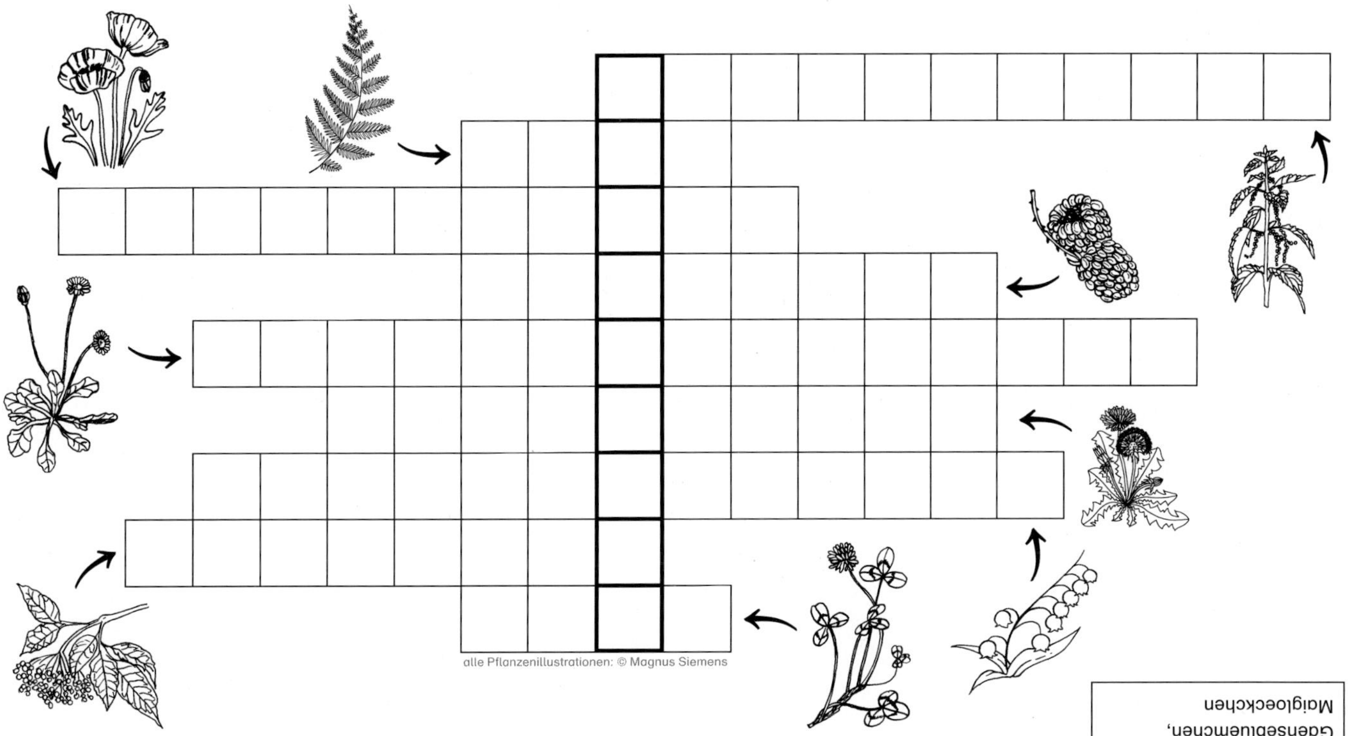

alle Pflanzenillustrationen: © Magnus Siemens

Diese Pflanzen kommen durcheinander vor:
Himbeere, Holunder, Brennessel, Klatschmohn, Klee, Loewenzahn, Farn, Gaensebluemchen, Maigloeckchen

★ Schreibe die richtigen Pflanzennamen in die Kästchen. Das Lösungswort in den dick umrandeten Kästchen nennt dir, von oben nach unten gelesen, eine leckere, süße Waldfrucht (ä = ae, ö = oe, ü = ue).

alle Baumillustrationen: © Verlag an der Ruhr

★ In jedem Baum hat sich der Name eines bestimmten Baumes versteckt. Finde die Namen der fünf Laubbäume und der drei Nadelbäume heraus. Schreibe sie in dein Heft.

★ Sammele Blätter, Blüten, Früchte oder Nadeln der Pflanzen. Presse sie, zum Beispiel zwischen den Seiten eines Buches.

Autorin: Stephanie Cech-Wenning
Abb. Kopfzeile: © D. Wolters; Abb. Fußzeile: © J. Müller
ISBN 978-3-86072-810-9 | www.verlagruhr.de

Der erste Computer

Der erste Computer wurde **1941** in **Berlin** von einem Deutschen mit dem Namen **Konrad Zuse** gebaut. Der Computer konnte komplizierte **Rechenaufgaben** lösen. Dabei wurden alle Zahlen nur mit Hilfe der **Null** und der **Eins** dargestellt. Nach diesem Prinzip funktionieren auch noch unsere heutigen Computer.
Der Computer besaß einen **Lochstreifen** aus dem Material eines Kinofilms. In diesen Streifen war das Rechenprogramm gelocht, sodass der Rechner es verarbeiten konnte.
Das **Rechenergebnis** wurde mit Hilfe von aufleuchtenden **Glühbirnen** mitgeteilt. Natürlich konnte man den Computer, den du auf dem Bild siehst, auch noch nicht so einfach auf den Tisch stellen oder wie einen Laptop mit sich herumtragen. Denn die erste programmgesteuerte Rechenmaschine war so groß wie ein Zimmer und wog ungefähr **1 t** (Tonne).

© Magnus Siemens

★ Der erste Rechner konnte mit Hilfe eines Lochstreifens Rechnungen ausführen. Was kann ein heutiger Computer alles? Schreibe es in dein Heft.

★ Erfinde einen eigenen Computer. Was müsste dieser Computer für dich erledigen können? Nimm dir ein Blatt Papier. Schreibe seine Wunderkräfte auf. Du kannst dazu auch ein Bild malen.

★ Wiege vorsichtig einen Computer. Lasse dir dabei auf alle Fälle von einem Erwachsenen helfen.

Der Computer wiegt ________________ kg.

★ Wie viele Computer von heute müsstest du übereinander stapeln, damit sie so schwer wären wie der erste Rechner, der gebaut wurde? Schreibe, und rechne im Heft.
(Zur Erinnerung: 1 t = 1.000 kg)

ISBN 978-3-86072-810-9 | www.verlagruhr.de

Das erste Auto

Träume dich einmal **200 Jahre zurück!** Stelle dir vor, du stehst auf der Straße und schaust dich genau um. Natürlich haben die Menschen andere Kleidung an, sodass du dir wie im Theater vorkommst. Aber das Spannendste ist, dass du statt Motorengeheul **Hufgeklapper** hörst und statt Abgasen lediglich einen Pferdeapfel riechen kannst. Denn zur damaligen Zeit gab es noch keine Autos.

Träume dich nun ein wenig weiter, in die Jahre **1885** und **1886!** Zu dieser Zeit wurden die ersten mit einem **Benzinmotor** betriebenen **Automobile** erfunden. Die deutschen Erfinder **Gottlieb Daimler** und **Wilhelm Maybach** haben einer **Kutsche** einen Benzinmotor eingebaut, mit dem man dann ohne Pferdekraft von einem Ort zum anderen gelangen konnte.

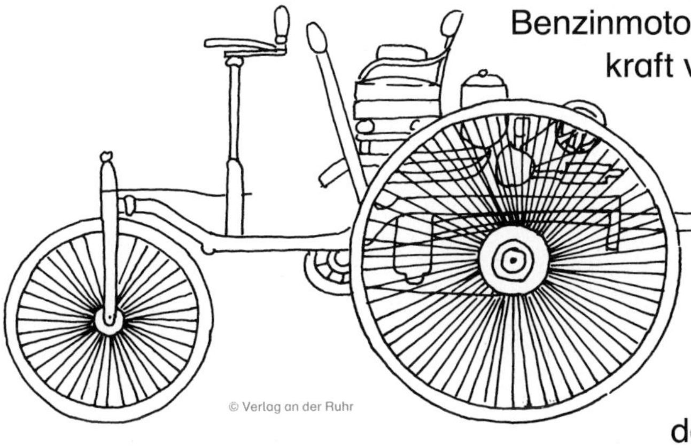

© Verlag an der Ruhr

Der Erfinder **Carl Benz** baute, ohne von dieser Erfindung zu wissen, sogar ein ganz **neues Gefährt** mit **drei Rädern,** einem **Benzinmotor,** einer **Motorkühlung** und einer **Kupplung.** Dieses Fahrzeug, das auf dieser Seite abgebildet ist, gilt heute als das erste „Auto".

Viele Menschen fürchteten sich zuerst vor den wie von Geisterhand bewegten Fahrzeugen. Zu Beginn musste immer ein Mann vor den Autos herlaufen, um die Fußgänger und Reiter mit einer **roten Fahne** vor dem ankommenden Gefährt zu warnen. Da man sich im Straßenverkehr erst an die Autos gewöhnen musste, durften sie eine Zeitlang nur **Schrittgeschwindigkeit** (6 Kilometer pro Stunde) fahren und später dann 19 Kilometer pro Stunde.

- ★ Vergleiche das erste „Auto" von Carl Benz mit den heutigen Autos.
- ★ Träume dich in die Zeit der ersten „Autos". Male dich in eines der damaligen Fahrzeuge.

  Tipp: Bilder von Fahrzeugen aus der damaligen Zeit findest du in Büchern oder im Internet.
- ★ Zeichne, male, oder bastele dein Traumauto. Du kannst dir das Papier sowie die Mal- und Bastelmaterialien aussuchen.
- ★ Erstelle eine Auto-Collage. Schneide dafür einige Bilder von Autos aus Zeitschriften aus. Klebe sie dann auf ein Blatt Papier. Du kannst auch dazu malen.

© Jens Müller

Autorin: Stephanie Cech-Wenning

ISBN 978-3-86072-810-9 | www.verlagruhr.de

Röntgens Zauberstrahlen

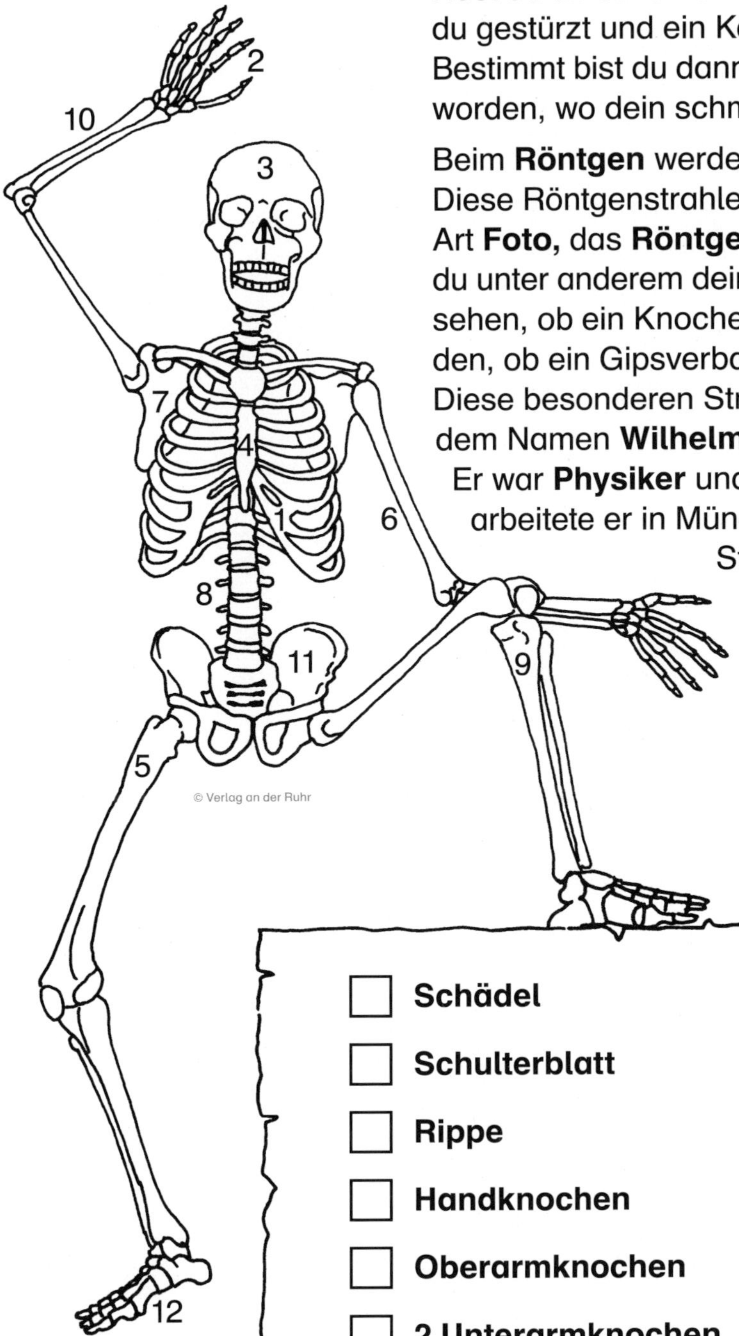

Hast du dir schon einmal etwas gebrochen? Vielleicht bist du gestürzt und ein Körperteil schmerzte danach fürchterlich. Bestimmt bist du dann zum **Arzt** oder ins **Krankenhaus** gebracht worden, wo dein schmerzender Körperteil geröntgt wurde.

Beim **Röntgen** werden **Strahlen** durch deinen Körper geschickt. Diese Röntgenstrahlen durchleuchten dich, und es entsteht eine Art **Foto,** das **Röntgenbild** genannt wird. Auf diesem Bild kannst du unter anderem deine **Knochen** erkennen. Der Arzt kann sofort sehen, ob ein Knochen gebrochen ist. Er kann schnell entscheiden, ob ein Gipsverband oder sogar eine Operation notwendig ist. Diese besonderen Strahlen hat im Jahre **1895** ein Deutscher mit dem Namen **Wilhelm Conrad Röntgen** entdeckt. Er war **Physiker** und lebte von 1845 bis 1923. Lange Zeit arbeitete er in München. Im Jahre 1901 bekam er für seine Strahlenentdeckung den **Nobelpreis** verliehen. Aber die Entdeckung von Wilhelm Conrad Röntgen hat auch **Nachteile.** So können die Strahlen für den Menschen **schädlich** sein, wenn häufig Röntgenbilder gemacht werden.

- [ ] **Schädel**
- [ ] **Schulterblatt**
- [ ] **Rippe**
- [ ] **Handknochen**
- [ ] **Oberarmknochen**
- [ ] **2 Unterarmknochen** (Elle und Speiche)
- [ ] **Brustbein**
- [ ] **Wirbelsäule**
- [ ] **Beckenknochen**
- [ ] **Fußknochen**
- [ ] **Oberschenkelknochen**
- [ ] **2 Unterschenkelknochen** (Waden- und Schienbein)

★ Lies dir die Namen der Knochen durch. Schreibe die richtigen Zahlen aus dem Skelett dazu.

★ Ertaste die genannten Knochen bei dir am Körper.

★ Gibt es heute schon andere Geräte, mit denen man in den Menschen hineinschauen kann?

Autorin: Stephanie Cech-Wenning

ISBN 978-3-86072-810-9 | www.verlagruhr.de

Gedichte deutscher Dichter

Die Ameisen

In Hamburg lebten zwei Ameisen,
Die wollten nach Australien reisen.
Bei Altona auf der Chaussee
Da taten ihnen die Beine weh,
Und da verzichteten sie weise
Denn auf den letzten Teil der Reise.

Joachim Ringelnatz

Gefunden

Ich ging im Walde
So für mich hin,
Und nichts zu suchen,
Das war mein Sinn.

Im Schatten sah ich
Ein Blümchen stehn,
Wie Sterne leuchtend,
Wie Äuglein schön.

Ich wollt es brechen,
Da sagt es fein:
Soll ich zum Welken
Gebrochen sein?

Ich grub's mit allen
Den Würzlein aus.
Zum Garten trug ich's
Am hübschen Haus.

Und pflanzt es wieder
Am stillen Ort;
Nun zweigt es immer
Und blüht so fort.

Johann Wolfgang von Goethe

- Lies dir beide Gedichte durch.
- Welches Gedicht gefällt dir besser? Suche dir ein Gedicht aus.

Wähle Aufgaben zu dem Gedicht aus:

- Unterstreiche die Reimwörter in der gleichen Farbe.
- Male zu dem Gedicht ein Bild.
- Lerne das Gedicht auswendig. Übe, es schön vorzutragen.
- Versuche, das Gedicht pantomimisch darzustellen.
- Stelle die Figuren des Gedichtes aus Knete her.
- Lies dir die Seite „Berühmte deutsche Dichter“ (Seite 58) durch.
- Schreibe ein ähnliches Gedicht.

ISBN 978-3-86072-810-9 | www.verlagruhr.de

Dichter und Geschichtenschreiber

Berühmte deutsche Dichter

Johann Wolfgang von Goethe wurde 1749 in Frankfurt am Main geboren. Er gilt als größter deutscher Dichter und ist weltweit bekannt. Goethe schrieb **Gedichte, Romane** und **Theaterstücke.** Auch heute noch werden seine Bücher gelesen und überall seine Theaterstücke gespielt. Goethe interessierte sich außerdem sehr für die **Natur** und erforschte sie wissenschaftlich. Er starb 1832 in Weimar.

Josef Guggenmos wurde 1922 in Irsee geboren. Er schrieb **Kinderbücher, Gedichte** und **Erzählungen.** Außerdem übersetzte er Bücher aus anderen Sprachen ins Deutsche. Berühmt wurde Josef Guggenmos vor allem durch seine oft lustigen, manchmal ernsten und nachdenklich machenden **Kindergedichte.** Für seine bemerkenswerte Arbeit bekam er schon viele **Preise** verliehen. Er starb 2003 in seiner Heimat im Allgäu.

Auf den **Zetteln** kannst du die Namen einiger bekannter **deutscher Dichter** lesen. Einige Dichter sind bereits tot, andere leben noch. Hast du schon einmal von einem der Dichter gehört?

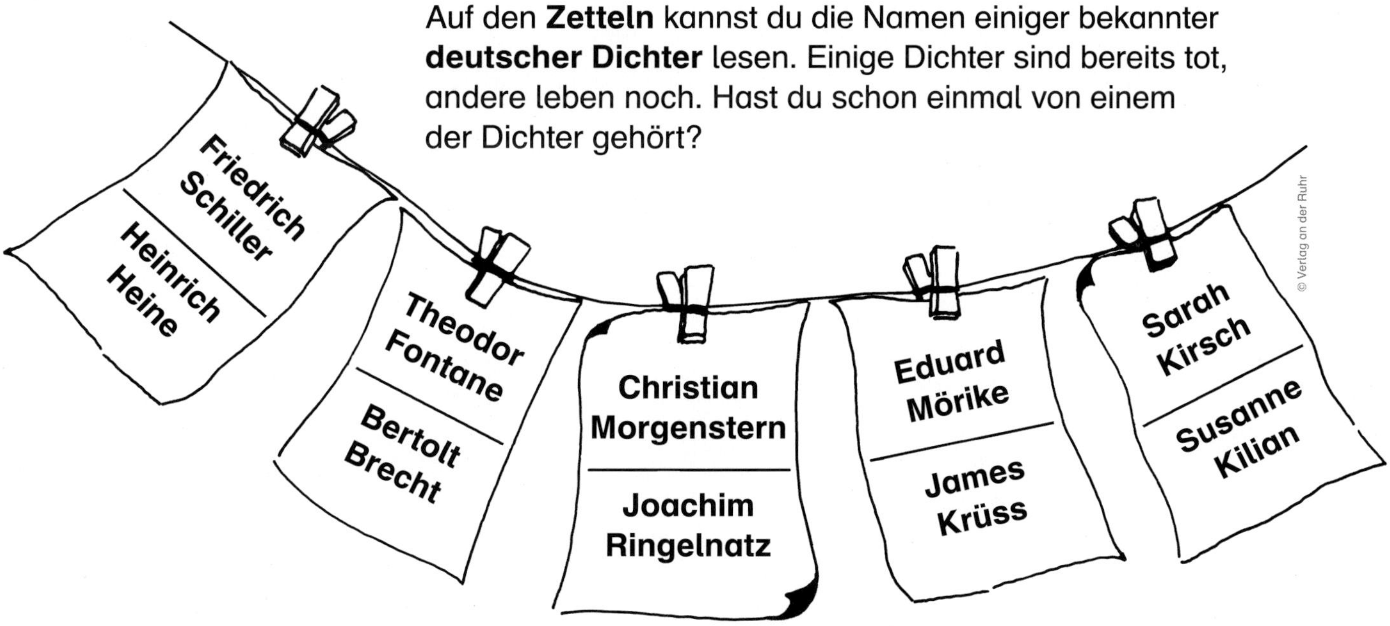

- ★ Mache dich auf die Suche nach Gedichten. Suche ein Gedicht eines der hier genannten Dichter. Du kannst in Gedichtbüchern, Lesebüchern, zu Hause, in der Bücherei, im Internet und so weiter forschen.
- ★ Schreibe dein Gedicht auf. Trage es deinen Mitschülern vor. Schaffst du es vielleicht sogar auswendig?
- ★ Finde etwas über das Leben des Dichters des Gedichts heraus. Lebt dieser Dichter heute noch?

ISBN 978-3-86072-810-9 | www.verlagruhr.de

Bekannte Kinderbücher und ihre Autoren

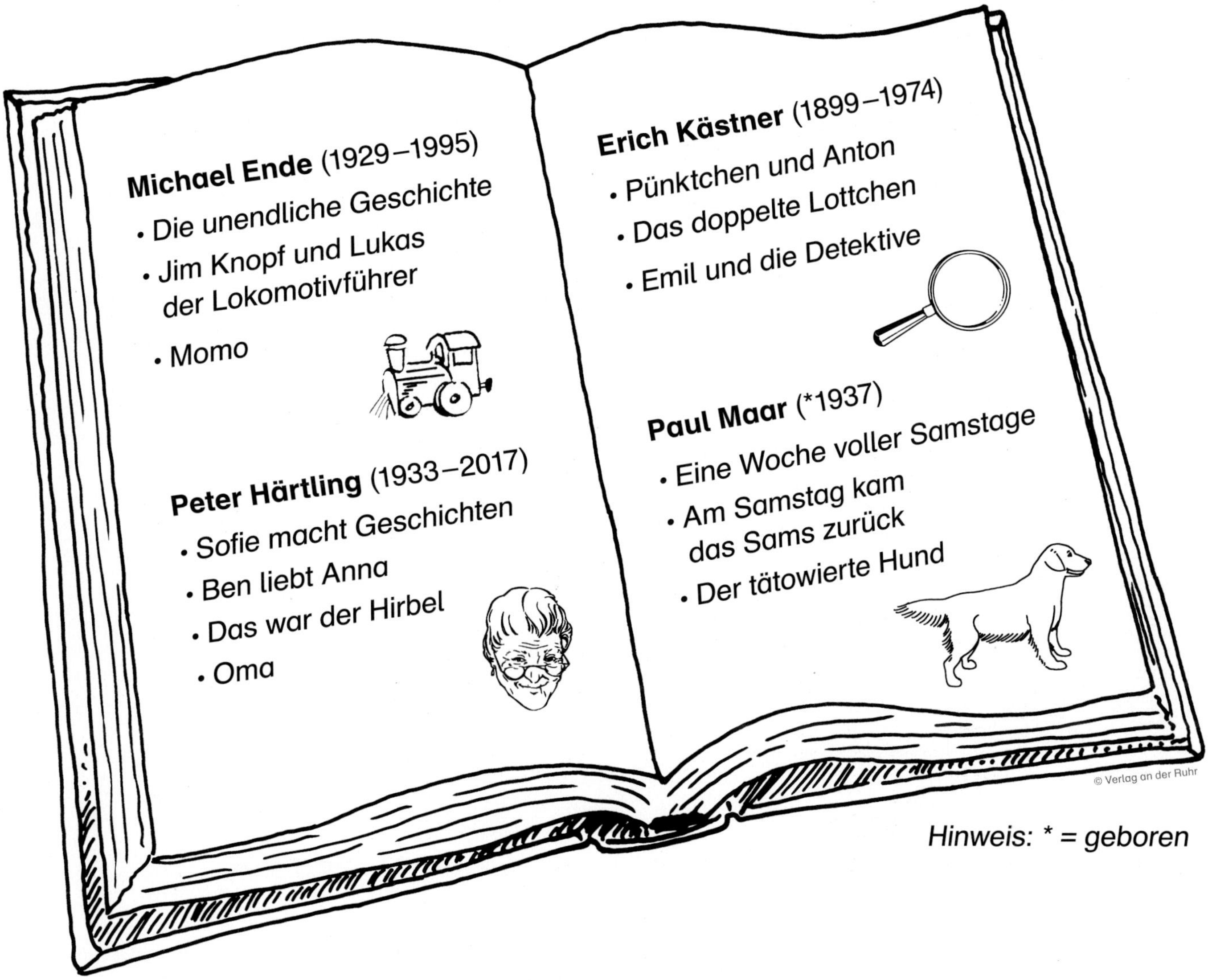

*Hinweis: * = geboren*

- Lies dir die Namen der Schriftsteller und die Titel ihrer Bücher durch. Welche Bücher kennst du? Unterstreiche die Titel.
- Beschreibe eine der Buchfiguren, die du kennst (zum Beispiel Momo).
- Suche dir einen der oben genannten Autoren aus. Informiere dich über sein Leben, seine Arbeit, seine anderen Bücher und so weiter im Internet.
- Welche anderen deutschen Kinderbücher und Kinderbuchautoren kennst du?
- Stelle ein schon gelesenes Buch deinen Mitschülern vor.

Autorin: Stephanie Cech-Wenning
zeile: © Verlag an der Ruhr; Abb. Fußzeile: © J. Müller
ISBN 978-3-86072-810-9 | **www.verlagruhr.de**

Die Brüder Grimm

Früher saßen die Menschen abends gerne beieinander und haben sich zum Zeitvertreib und Vergnügen **Märchen** und **Sagen** erzählt.

Die beiden deutschen Brüder **Jacob** (1785–1863) und **Wilhelm Grimm** (1786–1859) sammelten die **Kinder- und Hausmärchen,** die sie von anderen hörten. Auf diese Weise sind die Märchen nicht in Vergessenheit geraten.

L	O	P	R	R	S	A	N	E	H	C	T	T	I	W	E	E	N	H	C	S	X
T	A	P	F	E	R	E	S	S	C	H	N	E	I	D	E	R	L	E	I	N	F
U	R	R	T	R	A	B	L	E	S	S	O	R	D	G	I	N	E	O	K	I	R
H	A	E	N	S	E	L	U	N	D	G	R	E	T	E	L	H	A	S	F	K	A
C	P	I	O	R	E	T	A	K	R	E	T	L	E	F	E	I	T	S	E	G	U
H	U	D	D	F	E	W	Q	G	I	N	E	O	K	N	U	A	Z	M	N	E	H
M	N	Y	D	O	R	N	R	O	E	S	C	H	E	N	L	J	H	R	E	Y	O
N	Z	O	E	R	R	M	Z	N	E	H	C	P	P	E	A	K	T	O	R	W	L
L	E	P	L	E	T	T	U	P	N	E	H	C	S	A	P	O	L	F	D	B	L
K	L	T	A	H	A	N	S	I	M	G	L	U	E	C	K	U	D	W	A	M	E

★ Suche die zwölf im Kasten versteckten Märchen der Brüder Grimm. *Hinweis: Die Wörter können waagerecht (▸ oder ◂) und auch senkrecht (▴ oder ▾) geschrieben sein (ä = ae, ö = oe, ü = ue).*

Diese Märchen sind versteckt: *Rapunzel, Hans im Glueck, Frau Holle, Schneewittchen, Zaunkoenig, Rotkaeppchen, Tapferes Schneiderlein, Aschenputtel, Gestiefelter Kater, Koenig Drosselbart, Haensel und Gretel, Dornroeschen.*

Märchenaufgaben zum Auswählen:

★ Nimm dir ein Märchenbuch der Brüder Grimm. Lies dir ein Märchen deiner Wahl durch.

★ Erzähle das Märchen einem Partner, einer Gruppe oder der Klasse.

★ Male ein Bild zu dem Märchen.

★ Lasse dir von einem Mitschüler ein Märchen erzählen. Schreibe es auf.

★ Schreibe ein eigenes Märchen.

ISBN 978-3-86072-810-9 | www.verlagruhr.de

Der Maler Franz Marc

Der deutsche Maler **Franz Marc** wurde im Jahr 1880 in München geboren und 1916 im 1. Weltkrieg getötet. Franz Marc hat für sein Leben gern **Tiere** gemalt. Dabei hatten die Tiere auf seinen Bildern oft nicht die Farben, die sie in der Wirklichkeit haben. Franz Marc malte sie lieber fantasievoll bunt an. In seinen Bildern drücken die gewählten **Farben** und **Formen** bestimmte **Gefühle** und **Eigenschaften** aus. Den von ihm gewählten Malstil nennt man auch **Expressionismus.**

Die **Kuh** auf dem Bild unten ist auf dem echten Gemälde **gelb** und hat einen **blauen Flecken** am Bauch. Die **Berge** und **Hügel** sind mal **blau** und mal **rot** gemalt.

Franz Marc: Gelbe Kuh

★ Wähle eine der beiden Aufgaben aus:

1. Male die Kuh so an, wie sie im Text beschrieben wird.

2. Male die Kuh so an, wie sie dir gefällt. Sie kann wie eine echte Kuh aussehen oder auch fantasievoll gestaltet sein.

★ Nimm ein leeres Blatt Papier. Male ein eigenes Tierbild.

★ Welche anderen deutschen Maler kennst du? Forsche nach.

Tipp: Verwende für die Malaufgaben Wachsmalstifte, Filzstifte oder Buntstifte.

Autorin: Stephanie Cech-Wenning
Abb. Kopf- u. Fußzeile: © J. Müller
ISBN 978-3-86072-810-9 | www.verlagruhr.de

Der Maler August Macke

August Macke wurde 1887 in Meschede, einem Ort im Sauerland (Nordrhein-Westfalen), geboren und studierte bereits mit 17 Jahren **Kunst** an der **Akademie** in Düsseldorf. 1914 unternahm August Macke eine **Reise nach Afrika,** genauer gesagt nach **Tunesien.** In Afrika und nach der Reise malte Macke viele **Bilder.** Sie zeigen oft das afrikanische Leben sowie die Landschaft und sind in den warmen, leuchtenden Farben des Südens gemalt. August Macke wurde 1914 im 1. Weltkrieg getötet.

Das Bild auf dieser Seite heißt **„Eselreiter"** und ist ein **Aquarell.** Aquarelle sind Bilder, die mit **wasserlöslichen Farben** gemalt werden. Ähnliche Farben hast du in deinem Wasserfarbkasten. Bei dem farbigen Original-Bild verlaufen die Farben der Bäume und des Himmels ineinander.

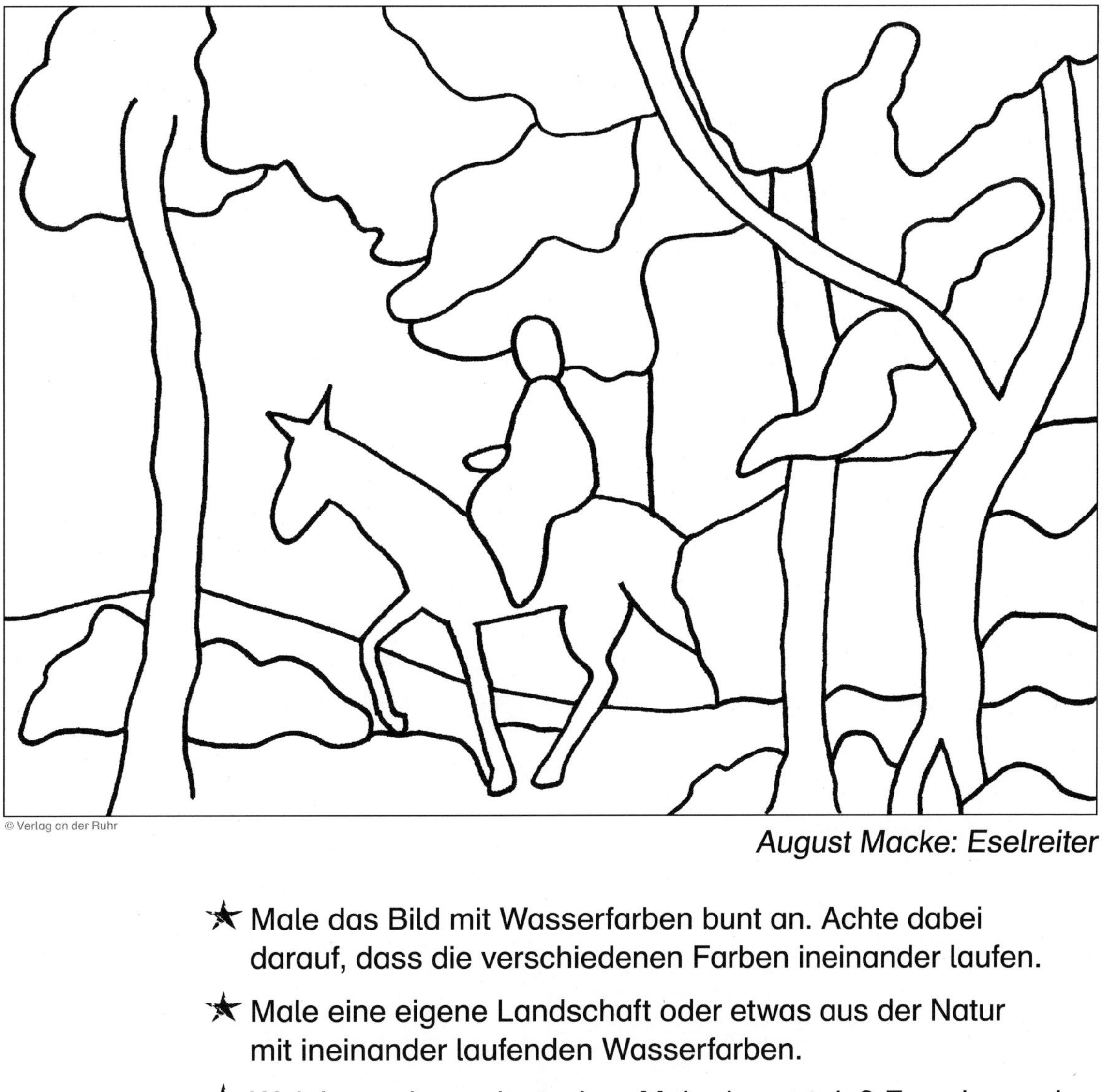

© Verlag an der Ruhr

August Macke: Eselreiter

- Male das Bild mit Wasserfarben bunt an. Achte dabei darauf, dass die verschiedenen Farben ineinander laufen.
- Male eine eigene Landschaft oder etwas aus der Natur mit ineinander laufenden Wasserfarben.
- Welche anderen deutschen Maler kennst du? Forsche nach.

Autorin: Stephanie Cech-Wenning

ISBN 978-3-86072-810-9 | www.verlagruhr.de

Musik, Musik, Musik

In Deutschland gibt es jede Menge Sänger, Sängerinnen, Bands, Musikgruppen, Chöre, Orchester und so weiter. Sie machen Musik in den verschiedensten **Musikrichtungen.** Dazu zählen zum Beispiel **klassische Musik, Volksmusik, Rockmusik** und **Popmusik.** Die Künstler singen nicht nur auf **Deutsch,** sondern sehr oft auch auf **Englisch.** Da in Deutschland so viel unterschiedliche Musik zu hören ist, kann jeder etwas Passendes für seinen **Musikgeschmack** finden.

Diese deutschen **Musiker/Sänger/Gruppen** kenne ich:

____

____

____

Ich höre gerne **Musik von:**

____

____

____

Diese **Lieder** gefallen mir zurzeit besonders gut:

____

____

____

Das weiß ich über einen **deutschen Musiker:**

____

____

____

© Eva Spanjardt

★ Welche Musik magst du? Beantworte die Fragen.

★ Bringe Musik von deinem deutschen Lieblingsmusiker mit in die Schule. Spiele sie deinen Mitschülern vor.

ISBN 978-3-86072-810-9 | www.verlagruhr.de

Klassische Musik

Händel

In Deutschland haben einige **Komponisten** gelebt, die heute in der ganzen Welt bekannt sind. Vermutlich hast du Namen, wie **Ludwig van Beethoven, Johann Sebastian Bach** oder **Georg Friedrich Händel** schon einmal gehört. In der Schule ist dir bestimmt auch der Name **Carl Orff** begegnet, und du hast schon einmal auf den so genannten **Orff-Instrumenten** gespielt.
Die Musik dieser Komponisten wird **klassische Musik** genannt, weil sie sich von der **Unterhaltungsmusik,** wie etwa der modernen Popmusik, unterscheidet. So wird die klassische Musik auch als **„ernste Musik"** bezeichnet. Am besten verstehst du, was klassische Musik ist, wenn du sie dir einmal anhörst. Also los!

★ Suche dir ein klassisches Musikstück auf einer Kassette oder CD aus. Höre es dir an. Beantworte die Fragen.

1. Wie heißt das **Musikstück?**

____

2. Wer hat das Musikstück **komponiert?**

____

3. Wovon handelt das Stück? Erzählt es eine bestimmte **Geschichte?**

____

____

4. Welche der **Adjektive** passen zur Musik? Unterstreiche sie.
laut, leise, langsam, schnell, lustig, traurig, feierlich, bedrohlich, spannend, romantisch, hell, dunkel, ruhig, unruhig, abwechslungsreich, langweilig

5. Welche **Musikinstrumente** hörst du heraus?

____

____

6. Mir **gefällt** die Musik/mir **gefällt** die Musik **nicht,** weil

____

____

© Verlag an der Ruhr
Autorin: Stephanie Cech-Wenning
Kopfzeile: © A. Wilkesmann; Abb. Fußzeile: © J. Müller
ISBN 978-3-86072-810-9 | **www.verlagruhr.de**

Drei deutsche Komponisten: Bach, Beethoven, Orff

Komponisten sind Menschen, die **Musikstücke erfinden.** Hier bekommst du Informationen über drei sehr bekannte deutsche Komponisten.

Johann Sebastian Bach wurde 1685 in Eisenach geboren. Als kleiner Junge brachte er sich selbst bei, **Geige** und **Klavichord** (ein Tasteninstrument) zu spielen. Später konnte er auch **Cembalo** und **Orgel,** weitere Tasteninstrumente, mühelos spielen. Lange Zeit lebte Bach mit seiner Frau und seinen vielen Kindern in Leipzig. Dort spielte er Orgel, leitete den Kirchenchor, gab Schulunterricht und schrieb Musikstücke. 1750 starb Bach in Leipzig. Seine Musik wird auch heute noch überall auf der Welt gespielt und begeistert die Menschen.

Bach

Ludwig van Beethoven wurde 1770 in Bonn geboren. Er lernte bereits mit vier Jahren **Klavier** spielen und wurde später **Pianist.** Als er 30 Jahre alt war, begann sein **Gehör,** nach und nach schlechter zu werden, bis er 1819 völlig **taub** war. Kannst du dir vorstellen, was dies für einen Komponisten bedeutet? Beethoven komponierte jedoch weiter, da er die Musik im Kopf hatte, und schrieb weiterhin sehr bedeutende Werke. 1827 starb Beethoven in der Stadt Wien in Österreich.

Beethoven

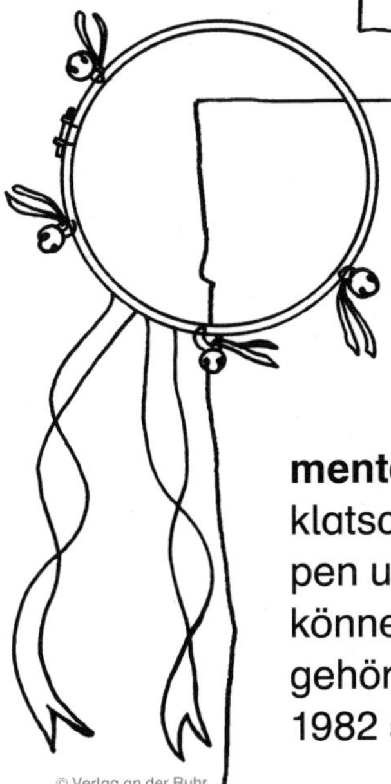

Carl Orff wurde 1895 in München geboren. Er bekam schon als kleiner Junge **Klavierunterricht.** Später komponierte er **Lieder** und schrieb das **Buch „Musik für Kinder".** Carl Orff wollte, dass alle Kinder Musik machen können – auch ohne zuvor lange Unterricht bekommen zu haben. **Singen, Sprechen** und **Tanzen** gehörten für ihn ebenso zum Musikmachen wie das **Spielen** auf **Musikinstrumenten.** Carl Orff dachte sich Musik für die **Körperinstrumente** aus: klatschen, stampfen, mit der Zunge schnalzen, mit den Fingern schnippen und so weiter. Er ließ **Musikinstrumente** bauen, die Kinder spielen können, ohne viel zu üben. Zu den sogenannten **Orff-Instrumenten** gehören zum Beispiel Handtrommel, Rassel, Glockenspiel und Triangel. 1982 starb Carl Orff in München.

ISBN 978-3-86072-810-9 | www.verlagruhr.de

Die deutsche Nationalhymne

Haydn

Joseph Haydn (1732–1809) war ein berühmter **Komponist.** Er wurde zwar in **Österreich** geboren, hat aber – ohne es zu wissen – für **Deutschland** ein wichtiges Musikstück komponiert. Im Jahre 1797 komponierte Haydn nämlich für den damaligen österreichischen Kaiser Franz eine **Kaiserhymne.** Das war ein Lied, mit dem das Volk seine **Verehrung** für den Kaiser ausdrücken konnte.

Einige Jahre später, 1841, schrieb der Dichter **August Heinrich Hoffmann von Fallersleben** (1798–1874) für diese Kaiserhymne einen neuen Text. In dieser Form wurde die Hymne „Das Lied der Deutschen“ genannt. 1922 wurde das dreistrophige Lied dann zur deutschen **Nationalhymne** erklärt. Eine Nationalhymne wird zum Beispiel auf internationalen Veranstaltungen gespielt, um den jeweiligen Staat zu repräsentieren.

Leider wurde im **2. Weltkrieg** (1939–1945) der Text der **1. Strophe** falsch verstanden. Er wurde dazu missbraucht, zu behaupten, dass die Deutschen besser seien als andere Menschen und dass deswegen Krieg geführt werden müsse. Seit 1952 wird daher von dem Lied nur noch die **3. Strophe** als deutsche Nationalhymne gesungen.

★ Lies dir den Text der deutschen Nationalhymne durch.

★ Überlege, was mit dem Text genau gemeint ist.

★ Unterstreiche alle Wünsche und Ziele für Deutschland, die in diesem Lied besungen werden.

ISBN 978-3-86072-810-9 | www.verlagruhr.de

Die deutsche Küche

© Verlag an der Ruhr

Gerade beim **Mittagessen** gibt es in Deutschland viele unterschiedliche **Gerichte,** die in den Haushalten oder in Restaurants gekocht werden. Oft werden **Kartoffeln** gegessen, und daher gibt es auch jede Menge verschiedener **Kartoffelgerichte.**

© Verlag an der Ruhr

Rohe, geschälte Kartoffeln werden gerieben und mit **Ei, Zwiebeln** und **Salz** verrührt. Dann werden sie als kleine, flache **Küchlein** in der Pfanne angebraten.	○	○	**Bratkartoffeln**
Geschälte Kartoffeln werden in **Salzwasser** gekocht.	○	○	**Kartoffelpuffer**
Rohe oder gekochte Kartoffeln werden geschält, kleingeschnitten und anschließend in der **Pfanne** angebraten.	○	○	**Kartoffelsalat**
Gekochte Kartoffeln werden zusammen mit etwas **Milch** und **Butter** (oder Ei) kleingestampft oder mit Hilfe eines Rührgeräts zu einem **Brei** verrührt.	○	○	**Pellkartoffeln**
Gekochte, kleingeschnittene Kartoffeln werden mit Zutaten wie **Gurken, Eiern, Wurst** und **Zwiebeln** sowie **Majonäse** zu einem kalten **Salat** verrührt.	○	○	**Kartoffelbrei/ Stampfkartoffeln**
Ungeschälte Kartoffeln werden in **Salzwasser** gekocht. Vor dem Essen wird die **Schale** abgezogen.	○	○	**Salzkartoffeln**

★ Kennst du die verschiedenen Kartoffelgerichte? Verbinde die Namen der Gerichte mit den passenden Beschreibungen.

★ Jede Region in Deutschland hat außerdem ihre typischen Gerichte zur Mittagszeit. Gibt es auch ein typisches Gericht in eurer Region? Hast du es schon einmal gegessen? Erkundige dich in deiner Familie.

★ Schreibe in dein Heft, was es bei euch zu Hause zu den einzelnen Mahlzeiten (Frühstück, Mittagessen, Abendbrot) zu essen gibt.

Autorin: Stephanie Cech-Wenning
fzeile: © Verlag an der Ruhr; Abb. Fußzeile: © J. Müller
ISBN 978-3-86072-810-9 | www.verlagruhr.de

Rezept für Bratkartoffeln

★ Bereite selber Bratkartoffeln zu.

Zutaten:

- pro Person ca. 4–5 normal große Kartoffeln
- Margarine oder Butter
- Salz, Pfeffer
- eventuell 2 normal große Zwiebeln
- eventuell Gewürze oder Kräuter, wie zum Beispiel Rosmarin und Thymian

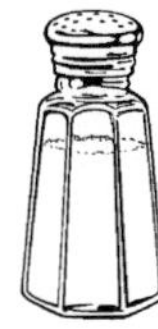
© Verlag an der Ruhr

Zubehör:

- Schälmesser
- Schneidemesser
- Schneidebrett oder Schüssel
- große Bratpfanne
- Pfannenwender

© Magnus Siemens

Zubereitung:

1. Schäle die Kartoffeln mit dem Schälmesser.
2. Wasche die Kartoffeln. Lasse sie etwas abtrocknen.
3. Schneide die Kartoffeln in dünne Scheiben oder kleine, möglichst gleich große Stücke. Du kannst sie auf einem Schneidebrett oder in eine Schüssel schneiden.
4. Schäle die Zwiebeln. Schneide sie in kleine Stücke.
5. Erhitze etwas Butter oder Margarine in der Pfanne.
6. Wenn das Fett heiß ist, gib zuerst die Zwiebeln in die Pfanne. Lass sie etwas köcheln.
7. Gib dann die Kartoffeln dazu.
8. Brate alles bei mittlerer Temperatur, bis die Kartoffeln goldgelb und gar sind. Du musst das Essen zwischendurch mehrmals wenden, damit es nicht anbrennt.
9. Würze die Kartoffeln zum Schluss mit etwas Salz und Pfeffer. Du kannst auch Gewürze oder Kräuter, wie zum Beispiel Rosmarin und Thymian, dazugeben.

© Verlag an der Ruhr

Guten Appetit!

Menü-Tipp: Zu den Bratkartoffeln schmecken Rühreier oder Spiegeleier sowie Erbsen und Möhren besonders gut.

ISBN 978-3-86072-810-9 | www.verlagruhr.de

Einige Feste und Bräuche im Jahr

1

2

3

4

5

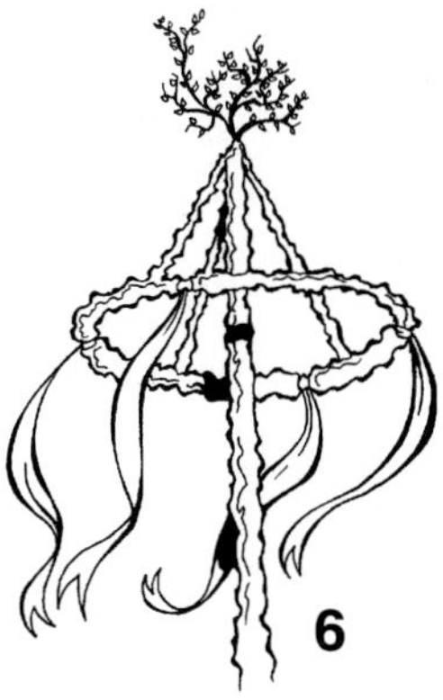

6

7

8

☐ **6. Januar: Dreikönigstag**
Sternsinger gehen von Haus zu Haus und vergeben den **Haussegen.**

☐ **Februar oder März: Karnevalszeit**
Bunt verkleidet und mit viel Lärm soll der **Winter** vertrieben werden.

☐ **März oder April: Ostern**
Das Fest der **Auferstehung Jesu** wird gefeiert. **Ostereier** werden versteckt und gesucht.

☐ **1. Mai: Tanz in den Mai**
Menschen stellen einen **Maibaum** auf und tanzen, um den vom Winter befreiten **Frühling** zu empfangen.

☐ **11. November: Martinstag**
Kinder gehen mit **Laternen** durch die Straßen und denken an **Martin von Tours,** der seinen Mantel mit einem Bettler geteilt hat.

☐ **6. Dezember: Nikolaustag**
In Erinnerung an den Bischof **Nikolaus aus Myra** füllt der „Nikolaus“ heute die **Stiefel** mit Süßigkeiten.

☐ **24. Dezember: Heiligabend**
Kinder und Erwachsene feiern, dass das **Jesuskind** vor mehr als 2000 Jahren auf die Welt gekommen ist.

☐ **31. Dezember: Silvester**
Mit **Feiern** und **Feuerwerk** wird das alte Jahr verabschiedet und das **neue Jahr** empfangen.

★ Ordne die Bilder den passenden Beschreibungen der Feste und Bräuche zu.

ISBN 978-3-86072-810-9 | www.verlagruhr.de

Mensch ärgere dich nicht

© Jens Müller

„Mensch ärgere dich nicht“ heißt eines der bekanntesten **Brettspiele** in Deutschland. Sicherlich kennst du das Spiel und hast es schon einmal gespielt. Ziel des Spiels ist, einmal mit jeder eigenen Figur den **Spielplan** zu umrunden und als Erster mit allen **vier Spielfiguren** ins eigene „Haus“ zu gelangen. Wenn man auf ein schon **besetztes Feld** kommt, muss die darauf stehende gegnerische Spielfigur wieder von vorne anfangen. Das ist die spannendste – aber zugleich auch die **ärgerlichste** – Sache an diesem Spiel!

Spielmaterialien: (Tipp: Schaue auf die Bilder dieser Seite.)

Spielanleitung:

© Jens Müller

- Spiele mit deinen Klassenkameraden das Spiel „Mensch ärgere dich nicht“.
- Schreibe eine Spielanleitung, sodass ein Kind, das das Spiel nicht kennt, „Mensch ärgere dich nicht“ spielen kann.
- Welche Brettspiele kennst du noch? Wie wäre es mit einem Spiele-Treffen am Nachmittag?

© Verlag an der Ruhr
Autorin: Stephanie Cech-Wenning
fzeile: © Verlag an der Ruhr; Abb. Fußzeile: © J. Müller
ISBN 978-3-86072-810-9 | www.verlagruhr.de

Sportler-Spiel

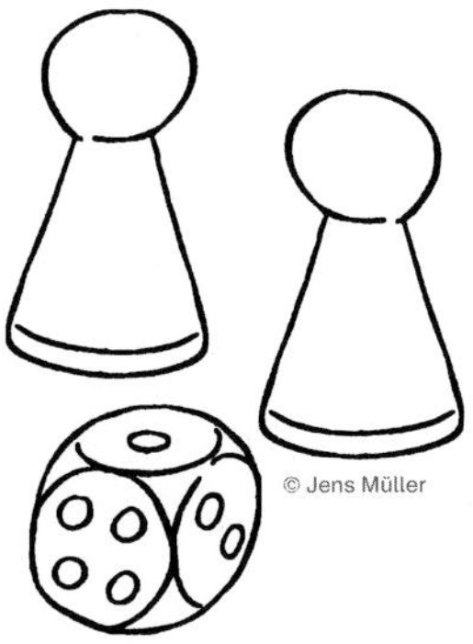

© Jens Müller

★ Spielt gemeinsam das Sportspiel.

Ihr braucht:

1 Spielplan (Seite 73); pro Person 1 Spielfigur;
1 Würfel; Sportler-Plan (siehe unten)

Spielregeln:

1. Stellt eure Spielfiguren auf den Startball. Der kleinste von euch fängt an. Ihr würfelt und setzt im Uhrzeigersinn.
2. Wenn ein Spieler auf ein Feld mit einer Zahl kommt, muss er die entsprechende Anweisung des Sportler-Plans lesen und ausführen.
3. Es dürfen mehrere Spielfiguren gleichzeitig auf einem Feld sein.
4. Gewonnen hat der Spieler, der mit seiner Figur als Erster das Tor erreicht.

Sportler-Plan

1. Boris Becker (*1967) ist der erfolgreichste Tennisspieler in der Geschichte des deutschen Tennis. Heute spielt er nur noch zum Spaß. Wärme dich wie er früher vor einem Turnier auf. Mache zehn Kniebeugen.
2. Franz Beckenbauer (*1945) hat so gut Fußball gespielt, dass er zum deutschen Fußballspieler des 20. Jahrhunderts gewählt worden ist. Da er heute keinen Profi-Fußball mehr spielt, musst du eine Runde aussetzen.
3. Franziska von Almsick (*1978) ist eine berühmte deutsche Schwimmerin. Sie hat schon Weltrekorde aufgestellt. Da sie weit vorne schwimmt, rücke zwei Felder vor.
4. Michael Schumacher (*1969), der erfolgreichste Rennfahrer der Formel 1, holte mehrfach den Weltmeistertitel. Du bist genauso schnell wie er und darfst drei Felder vor.
5. Steffi Graf (*1969) war einige Zeit die beste Tennisspielerin der Welt. Sie spielt seit Mitte des Jahres 1999 keine Turniere mehr. Erhole dich auch: Gehe ein Feld zurück.
6. Sven Hannawald (*1974) ist ein bekannter Skispringer. Er gewann als Erster alle vier Wettbewerbe der Vierschanzen-Tournee. Beim Skispringen ist Aufwärmen sehr wichtig. Mache zehn Hampelmänner.
7. Sven Ottke (*1967) ist der erste deutsche Profi-Boxer, der Doppelweltmeister geworden ist. Er hat schon sehr viele Kämpfe gewonnen. Setze eine Runde aus.
8. Du bist am Ziel! Wer könnte dich besser auffangen als Oliver Kahn (*1969), der mehrmals zum Welttorhüter des Jahres gewählt worden ist? Du darfst jetzt einen Luftsprung machen!

Hinweis: * = geboren

ISBN 978-3-86072-810-9 | www.verlagruhr.de

Spielplan

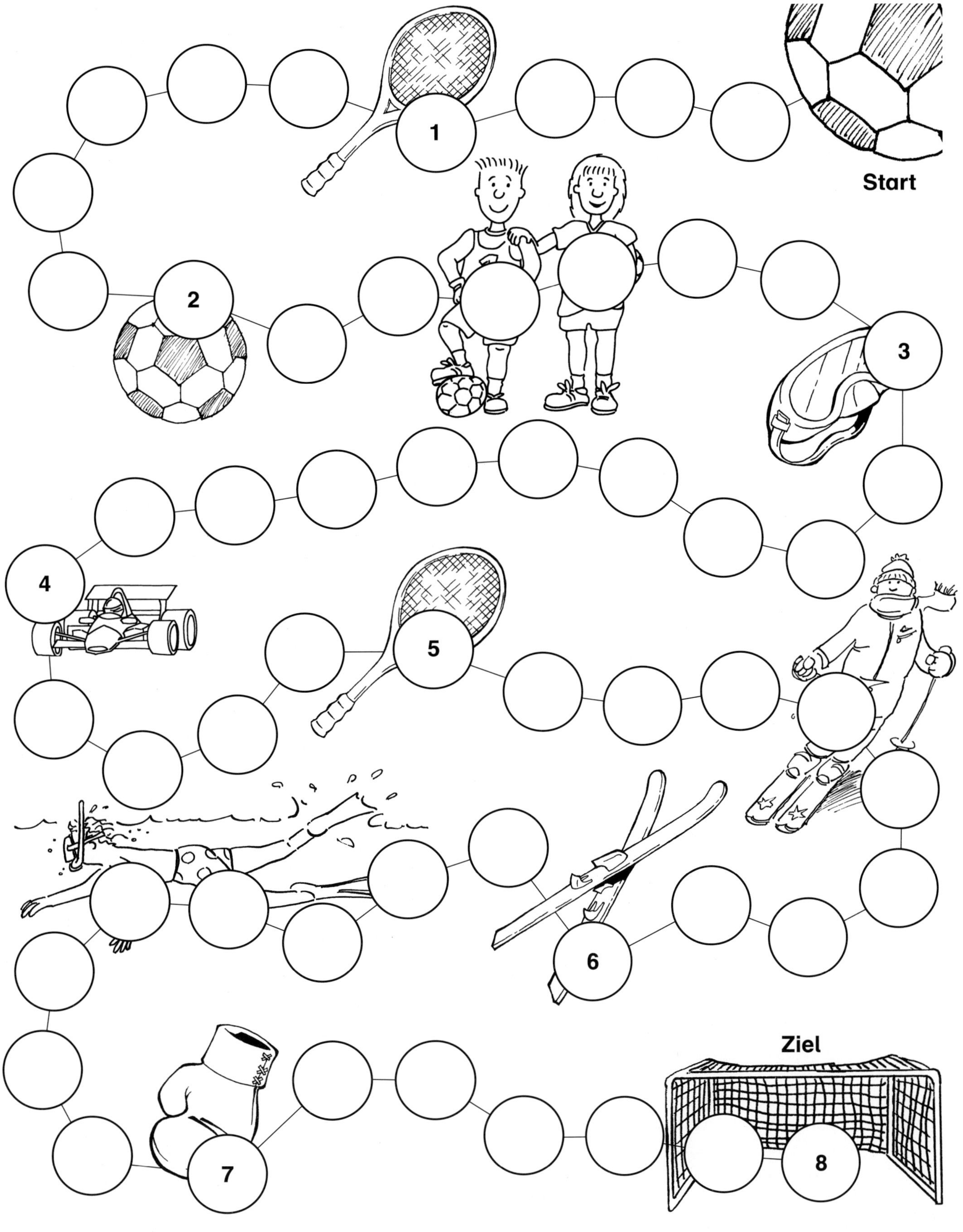

ISBN 978-3-86072-810-9 | www.verlagruhr.de

Deutschland in der Kiste

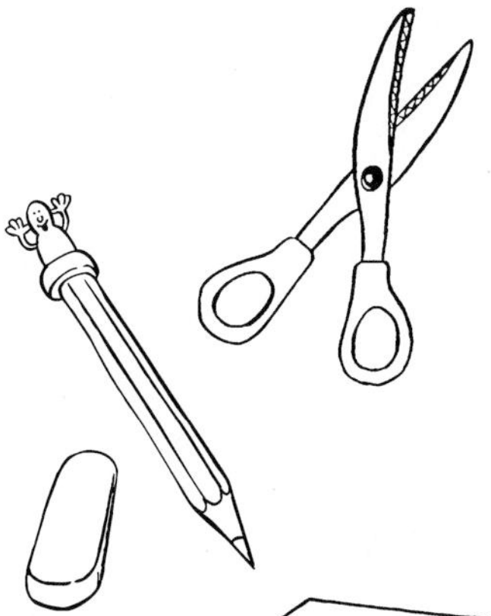

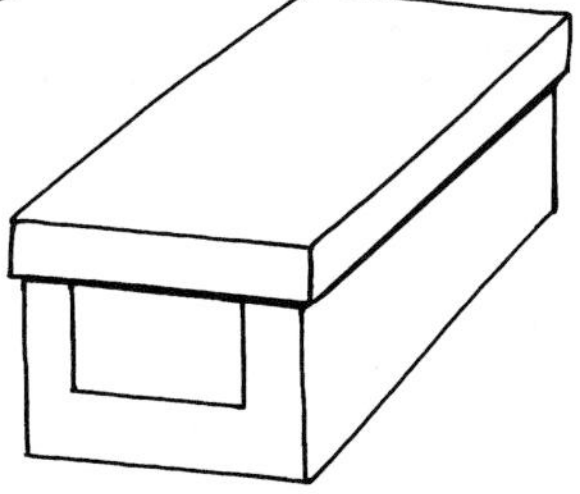

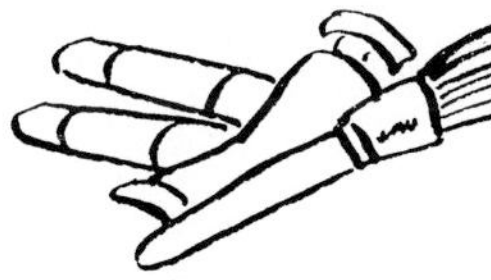

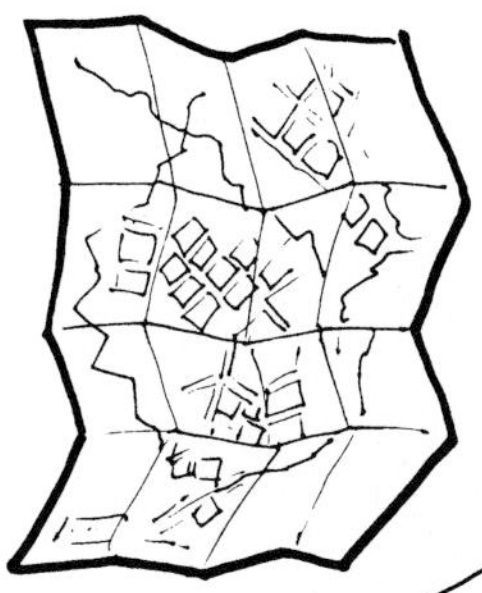

★ In einem ganz normalen Schuhkarton kannst du Deutschland gestalten.

Du brauchst:

farbige Deutschlandkarte als Vorlage; Schuhkarton; Styroporplatte (etwa 4 cm dick); Schere; Klebstoff; Farbstifte; Bleistift; Lineal; Stecknadeln mit dicken Köpfen; Säge/Messer zum Styroporschneiden; etwas weißes Papier; DIN-A4-Kopie einer Deutschlandkarte (zum Beispiel von der Karte auf Seite 21); eventuell Plakatfarben, Pinsel und/oder buntes Papier

Bastelanleitung:

1. Schaue auf die farbige Landkarte. Male die kopierte Deutschlandkarte so wie die Vorlage an. Versuche alles so genau wie möglich abzumalen (zum Beispiel Städtepunkte rot, Gebirge braun, ...).
2. Suche auf der großen Landkarte deinen Wohnort. Markiere diesen Ort auf deiner eigenen Landkarte so genau wie möglich mit einem schwarzen Punkt.
3. Schneide nun mit der Säge oder dem Messer vorsichtig eine Styroporplatte aus, die genau in den geöffneten Schuhkarton passt.
4. Klebe deine bunt bemalte Landkarte auf die Styroporplatte.
5. Klebe die Styroporplatte in den Schuhkarton.
6. Bastle dir ein Fähnchen. Zeichne dafür mit dem Lineal ein Rechteck (etwa 1,5 x 4 cm) auf das weiße Papier. Male es auf einer Seite rot an. Schneide es aus. Klebe das Rechteck um eine Stecknadel, sodass ein Fähnchen entsteht. Stecke das rote Fähnchen an deinen Wohnort auf der Karte.
7. Bastle nun noch blaue Fähnchen. Stecke sie auf der Karte an Städte, Berge, Flüsse oder Seen, die du schon einmal besucht hast. Bastle dir zwei gelbe Fähnchen. Stecke sie auf der Karte an Orte, die du gerne einmal besuchen möchtest.

Tipp: Bevor du alles in deinen Karton klebst, kannst du ihn auch noch von innen und außen mit Farben bemalen oder mit Papier bekleben.

ISBN 978-3-86072-810-9 | www.verlagruhr.de

Deutschland-Quiz (1)

Wie heißt die **Hauptstadt** von Deutschland?

a) München
b) Berlin
c) Frankfurt

Was wurde früher oft um **Städte** herum gezogen?

a) eine Stadtmauer
b) eine Stadtschnur
c) ein Maschendrahtzaun

Wie viele **Bundesländer** gibt es in Deutschland?

a) 14
b) 16
c) 18

Wie viele **Menschen** leben ungefähr in Deutschland?

a) 72 Millionen
b) 80 Millionen
c) 82 Millionen

Kein **Fluss** in Deutschland heißt

a) Welle
b) Rhein
c) Donau

Welches **Nahrungsmittel** wird in Deutschland nicht angebaut?

a) Kartoffeln
b) Reis
c) Mais

Die **Brüder Jacob** und **Wilhelm Grimm** waren

a) Automobilhersteller
b) Märchensammler
c) Politiker

Wie heißt der höchste deutsche **Berg**?

a) Feldberg
b) Hochspitze
c) Zugspitze

Was konnte der **erste Computer** von Konrad Zuse?

a) Bilder zeichnen
b) Lieder singen
c) Mit Lochstreifen rechnen

Welcher **Satz** ist falsch?

a) Ebbe und Flut sind Gezeiten.
b) Ebbe und Flut gibt es an der Nordsee.
c) Ebbe und Flut gibt es nur im Winter.

Welche dieser einheimischen Pflanzen ist ein **Baum**?

a) Klee
b) Ahorn
c) Löwenzahn

Welches ist der größte deutsche **See**?

a) Bodensee
b) Starnberger See
c) Müritz

ISBN 978-3-86072-810-9 | www.verlagruhr.de

Deutschland-Quiz (2)

In welchem Bundesland liegt die Stadt **München**?

a) Brandenburg
b) Niedersachsen
c) Bayern

Welches **Geld** gab es in Deutschland nie?

a) DM
b) Euro
c) Lire

<u>Kein</u> **Nachbarland** von Deutschland ist

a) Italien
b) Frankreich
c) Dänemark

In welcher Stadt wird das **Oktoberfest** gefeiert?

a) Köln
b) München
c) Stuttgart

Wie heißt das flächenmäßig größte **Bundesland?**

a) Hessen
b) Niedersachsen
c) Bayern

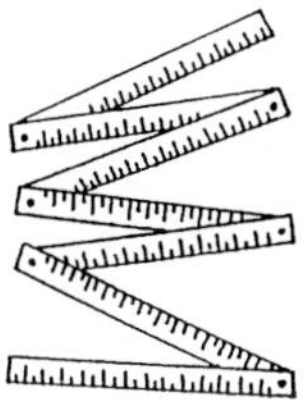

Johann Wolfgang von **Goethe** war

a) Pilot
b) Komponist
c) Dichter

Wie heißt das flächenmäßig kleinste **Bundesland?**

a) Bremen
b) Hamburg
c) Saarland

Welche Buchfigur erfand **Michael Ende** nicht?

a) Jim Knopf
b) Momo
c) Pumuckl

Wie sieht die deutsche **Flagge** aus?

a) Schwarz, Rot, Blau
b) Gold, Rot, Weiß
c) Schwarz, Rot, Gold

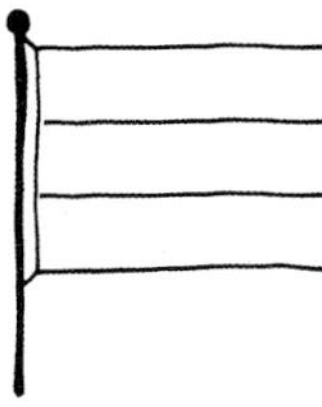

Was malte **Franz Marc** besonders gern?

a) Tassen
b) Tiere
c) Rosen

Eine der beliebtesten **Sportarten** in Deutschland ist

a) Fußball
b) Schach
c) Seilspringen

Das **Brandenburger Tor** ist ein Symbol

a) des Bundeskanzlers
b) der Wiedervereinigung
c) der Pferdekutschenfreunde

ISBN 978-3-86072-810-9 | www.verlagruhr.de

Lösungen

Zu dem Suchsel des Arbeitsblatts **„Pack die Badehose ein – Seen in Deutschland“**, Seite 47:

E	E	S	R	E	N	E	O	L	P	R	E	S	S	O	R	G
B	K	U	M	M	E	R	O	W	E	R	S	E	E	E		
W	A	S	S	E	R	B	A	L	L			T			E	
	D	S		E	S	O	H	E	D	A	B	E			S	
	E	E					E	E	S	M	E	I	H	C	R	
	A	L	E		B	U	E	R	S	T	E	N			E	
E	N	E	E	S	R	E	N	I	R	E	W	H	C	S	G	
E	Z	N	S				H	A	N	D	T	U	C	H	R	
S	U	T	R		I							D			E	
L	G	E	E		N		N	E	K	A	L	E	D	A	B	
A		R	U		I							R			N	
A		S	A		K							M			R	
H		E	L		I			E	E	S	R	E	M	M	A	
C		E	P		B							E			T	
S	O	N	N	E	N	K	R	E	M	E		R			S	

Die versteckten **Badeartikel** sind:
Handtuch, Badehose, Bikini,
Badeanzug, Badelaken,
Bürste, Sonnencreme,
Wasserball

Zu dem Rätsel des Arbeitsblatts **„Einheimische Pflanzen“**, Seite 52:

								B	R	E	N	N	N	E	S	S	E	L
						F	A	R	N									
K	L	A	T	S	C	H	M	O	H	N								
						H	I	M	B	E	E	R	E					
		G	A	E	N	S	E	B	L	U	E	M	C	H	E	N		
				L	O	E	W	E	N	Z	A	H	N					
		M	A	I	G	L	O	E	C	K	C	H	E	N				
	H	O	L	U	N	D	E	R										
						K	L	E	E									

Lösungswort: **BROMBEERE**

Zu dem Suchsel des Arbeitsblatts **„Die Brüder Grimm“**, Seite 59:

							N	E	H	C	T	T	I	W	E	E	N	H	C	S	
T	A	P	F	E	R	E	S	S	C	H	N	E	I	D	E	R	L	E	I	N	F
	R		T	R	A	B	L	E	S	S	O	R	D	G	I	N	E	O	K		R
H	A	E	N	S	E	L	U	N	D	G	R	E	T	E	L						A
	P			R	E	T	A	K	R	E	T	L	E	F	E	I	T	S	E	G	U
	U							G	I	N	E	O	K	N	U	A	Z				H
	N		D	O	R	N	R	O	E	S	C	H	E	N							O
	Z							N	E	H	C	P	P	E	A	K	T	O	R		L
	E		L	E	T	T	U	P	N	E	H	C	S	A							L
	L			H	A	N	S	I	M	G	L	U	E	C	K						E

Literatur- und Internettipps

Deutschland – Europa – die ganze Welt

- *Endrigkeit, A.-M.; Endrigkeit, R.:*
  Europa – Eine Werkstatt – Klasse 3–5.
  Verlag an der Ruhr, 2012.
  ISBN 978-3-8346-2259-4
- *Gorgas, Martina:*
  Was ist Was Wissensrätsel.
  Deutschland, Stadt Land Fluss.
  Ab 7 Jahre. Tessloff, 2006.
  ISBN 978-3-7886-1338-9
- *Jürgens, Hans-Ulrich; Blank, Hajo:*
  Deutschland Atlas für Kinder.
  Ab 8 Jahre. Tessloff, 1998.
  ISBN 978-3-7886-0542-1
- *Zeiss, Jochen:*
  Deutschlandreise (Spiel).
  Städtekärtchen mit originellen Tipps und Infos geben die Route vor, Reiseplanung gehört zur Taktik, Würfel bestimmen das Tempo.
  Mit über 200 Farbfotos.
  Für 2–6 Spieler. Spieldauer: ca. 30 Min.
  Ab 8 J. Ravensburger Spieleverlag, 1995.
  Best.-Nr.010219,
  EAN 4005556010219

Rund um Geschichte

- *Brandenburg, Birgit:*
  So war es im Mittelalter.
  Eine Werkstatt.
  Klasse 3–4. Verlag an der Ruhr, 2004.
  ISBN 978-3-86072-843-7
- *Mai, Manfred:*
  Deutsche Geschichte.
  Ab 12 Jahre. Beltz, 2006.
  ISBN 978-3-407-75524-7

Internettipps

www.deutschland-tourismus.de
Hier finden Sie viele Infos zu deutschen Städten, Sehenswürdigkeiten und Nationalparks zusammen mit wichtigen Adressen und interessanten Reisetipps.

www.meinestadt.de
Zu allen Städten und Gemeinden Deutschlands gibt es hier Daten und Fakten sowie Fotos und Veranstaltungstipps.

www.destatis.de
Die Seite vom Statistischen Bundesamt Deutschland liefert Zahlen über Deutschland z.B. zu Geografie, Bevölkerung, Wahlen, Umwelt und Verkehr.

www.kunstkopie.de
www.poster.de
Hier finden Sie u.a. die in der Werkstatt angesprochenen Gemälde sowie kurze Infos dazu.

Verlag an der Ruhr

Weitere Informationen und Blick ins Buch unter

www.verlagruhr.de

Keiner darf zurückbleiben

111 Ideen – Klassenlehrer sein in der Grundschule
Von Klassenverwaltung bis Raumgestaltung
Kl. 1–4, 128 S., 17 x 24 cm
Best.-Nr. 978-3-8346-2585-4

Die Lehrerpersönlichkeit – Chance und Herausforderung
Wie Sie Ihre Rolle finden und Lernerfolg steigern
Kl. 1–13, 160 S., 17 x 24 cm
Best.-Nr. 978-3-8346-3057-5

Selbstfürsorge als Basis der Lehrergesundheit
Strategien, Tipps und Praxishilfen
Kl. 1–13, 224 S., 17 x 24 cm
Best.-Nr. 978-3-8346-3077-3

Mein Schulalltag, meine Ideen und Ich
Raum für Listen, Inspirationen und kreative Pausen
Kl. 1–13, 64 S., 17,5 x 18 cm, farbig
Best.-Nr. 978-3-8346-3233-3

111 Ideen zur Integration von Seiteneinsteigern
Flüchtlings- und Migrantenkinder von Anfang an richtig begleiten
Kl. 1–4, 176 S., 17 x 24 cm
Best.-Nr. 978-3-8346-3185-5

77 motivierende Unterrichtseinstiege für die Grundschule
Kl. 1–4, 176 S., 17 x 24 cm
Best.-Nr. 978-3-8346-2428-4

Individuell lernen – gemeinsam arbeiten
Ein kompetenzorientiertes Unterrichtsmodell aus der Grundschulpraxis
Kl. 1–4, 224 S., A4, farbig, mit bearbeitbaren Vorlagen auf CD-ROM
Best.-Nr. 978-3-8346-2713-1

60 Pausenhof-Klassiker
Spiele für Kinder und Jugendliche
Kl. 1–10, 80 S., 17 x 24 cm, farbig
Best.-Nr. 978-3-8346-3190-9

Praxisbuch Kopfgymnastik für Kinder
Mit kleinen Übungen aus der Kinesiologie das Gehirn aktivieren, Konzentration fördern, Denkblockaden lösen
5–10 J., 104 S., 17 x 24 cm, farbig
Best.-Nr. 978-3-8346-2613-4

Resilienz entwickeln und stärken in der Grundschule
Praktische Materialien, die Kinder widerstandsfähiger machen
Kl. 1–4, 128 S., A4
Best.-Nr. 978-3-8346-3581-5

Grundschulkinder entspannen mit Autogenem Training
Praxiserprobte Übungen und Geschichten
Kl. 1–4, 88 S., A4
Best.-Nr. 978-3-8346-3574-7

Klassensprecher, Klassenrat und Schülerparlament
Praxisanleitungen zur Demokratieerziehung in der Grundschule
Kl. 1–4, 128 S., A4
Best.-Nr. 978-3-8346-2978-4